ÉTUDES & OBSERVATIONS

SUR LA NATURE, LES CARACTÈRES

ET LA CONSTITUTION MINÉRALOGIQUE

DES ROCHES DES VOSGES

SAINT-DIÉ. — TYPOGRAPHIE & LITHOGRAPHIE L. HUMBERT.

ÉTUDES ET OBSERVATIONS

SUR LA NATURE

LES CARACTÈRES ET LA CONSTITUTION MINÉRALOGIQUE

DES ROCHES DES VOSGES

PAR

LE DOCTEUR CARRIÈRE

DE SAINT-DIÉ

Extrait du *Bulletin de la Société Philomatique Vosgienne.* —
Année 1889-90.

SAINT-DIÉ
TYPOGRAPHIE ET LITHOGRAPHIE L. HUMBERT.

ÉTUDES ET OBSERVATIONS

NATURE, LES CARACTÈRES & LA CONSTITUTION MINÉRALOGIQUE

DES ROCHES DES VOSGES

Ce travail, qui est le résumé de vingt-cinq années d'études et d'observations pratiques, n'était point destiné d'abord à la publicité. Avec un peu moins de développement, il servait de complément ou de texte explicatif au catalogue de ma collection de Roches des Vosges.

Quelques personnes auxquelles je l'ai communiqué m'ayant engagé à le compléter et à le publier, je me décide à le faire tout en ne me dissimulant pas son insuffisance et ses imperfections. Aussi, je ne le présente point comme une *œuvre scientifique,* dont il n'a, du reste, ni le fond ni la forme, et ce n'est point aux *savants* qu'il s'adresse.

Placé dans une sphère plus modeste, il est seulement destiné à renseigner le minéralogiste géologue qui se proposerait d'explorer et d'étudier les Vosges, et surtout à servir de guide à l'amateur peu versé dans les connaissances minéralogiques, qui veut étudier les Roches de notre système de montagne, et se composer lui-même une *collection* de leurs principaux spécimens.

En tous cas, si ce travail a quelques mérites au point de vue pratique, j'en laisse l'appréciation à ceux qui ont parcouru les Vosges le marteau à la main, et qui se sont donné la peine de regarder de près les roches qu'ils ont rencontrées.

Saint-Dié, le.....

Docteur L. CARRIÈRE.

INTRODUCTION

Si l'on considère la chaîne des Vosges au seul point de vue de son développement géographique; si l'on n'envisage que le modeste relief qu'elle forme au-dessus du niveau des plaines qui l'environnent, on ne suppose pas, au premier abord, que son étude puisse offrir un bien grand intérêt au minéralogiste géologue. Si même, en l'observant plus attentivement on entre dans les détails de sa constitution géologique, on ne tarde pas à reconnaître que les masses minérales qui la constituent ne représentent qu'une fraction très limitée de l'écorce solide du globe; que ses éléments stratifiés n'embrassent qu'une très minime partie de la série chronologique, comprise entre les dépôts de transition moyens et le terrain triasique; enfin, que l'intérêt paléontologique y fait presque complètement défaut, puisque les seuls restes organisés qui s'y rencontrent, consistent dans quelques rares débris végétaux très incomplets et assez mal conservés dans le terrain de transition supérieur, quelques représentants de la flore carbonifère, et quelques spécimens de certains genres appartenant à la flore et à la faune triasiques.

Et cependant il suffit de jeter les yeux sur une collection des Roches vosgiennes pour rester convaincu de tout l'intérêt qui s'y rattache, et pour reconnaître que notre système de montagnes ne le cède à aucun autre pour la beauté de ses types minéralogiques, et pour le nombre et la diversité presque infinie des curieuses variétés de ses espèces classiques.

Ces roches ont été depuis plus de trente ans l'objet d'études sérieuses et variées. Des essais physiques, des analyses rigoureuses ont été entreprises pour déterminer leurs propriétés, leur composition et pour fixer la place qu'elles doivent occuper dans les classifications méthodiques. L'examen attentif des masses, l'étude de leur position relative, l'appréciation de leurs rapports, ont fourni des données plus ou moins positives sur leur origine, leur âge, sur les modifications qu'elles ont subies, et sur le rôle qui leur appartient dans la constitution géologique du système. Citons seulement ici les premières observations de notre vénérable ami le docteur Mougeot, à qui revient l'honneur d'avoir ouvert la voie et donné la première impulsion; les travaux consciencieux et justement estimés de M. H. Hogard, ceux de MM. Élie de Beaumont, de Billy, Woltz, Fournet, E. Puton; les déterminations précises et les savantes analyses de MM. Daubrée et Delesse; les recherches et les belles publications de MM. Schimper et Kœchlin-Schlumberger, etc., etc.

Un ensemble aussi complet de travaux, émanant pour la plupart d'hommes spéciaux ou d'observateurs pratiques, a dû avoir pour résultat de faire connaître avec toute l'exactitude désirable la nature et la composition de presque toutes les roches des Vosges. Il semble donc, au premier abord, que la détermination rigoureuse de ces roches et leur classification méthodique ne sauraient offrir la moindre difficulté à un amateur tant soit peu familiarisé avec les connaissances minéralogiques. Cependant, il n'en est malheureusement point ainsi, et je crois pouvoir avancer, sans crainte d'être contredit, qu'il n'est peut-être pas un minéralogiste géologue qui inscrirait avec certitude *un nom* sur telle roche de la collection vosgienne que je pourrais lui présenter sans la chercher bien loin, ou même qui déterminerait avec précision la place qu'elle doit occuper dans un groupement méthodique.

Cette difficulté tient à plus d'une cause. D'abord, à l'insuffisance des désignations classiques. Je ne suis pas partisan du néologisme, et je ne pense pas qu'on fasse avancer beaucoup une science en créant de nouvelles espèces, et en leur imposant des noms plus ou moins heureusement choisis; mais je suis obligé de reconnaître qu'il est certaines roches vosgiennes parfaitement caractérisées, très constantes dans leur constitution minéralogique, qu'il n'est pas possible de rapporter à une *espèce classique* quelconque, si on se renferme rigoureusement dans la caractéristique de celle-ci. Je cite seulement pour exemple la belle roche de Ternuay, composée de Feldspath labradorique (Vosgite?) et de Pyroxène augite, désignée à tort sous le nom de Porphyre, bien qu'elle manque du caractère essentiel de ce groupe de roches, c'est-à-dire une *pâte* envelop-

pant des cristaux. Cette roche, à composition binaire et complètement cristalline lorsquelle est bien développée, offrirait plutôt de
l'analogie avec les Diorites, si on admettait que l'élément amphibolique de ceux-ci s'y trouve remplacé par le Pyroxène.

D'un autre côté, s'il ne peut s'élever aucun doute sur la détermination exacte de certaines *espèces types* comme les Granites, les
Syénites, les Diorites, les Porphyres, lorsque ces espèces sont normalement constituées et régulièrement développées, il n'en est plus
ainsi pour certaines dégradations de quelques-unes d'entre elles.
La difficulté se rattache à des causes très diverses. D'abord, la disparition plus ou moins complète de tel élément constituant considéré comme essentiel, ou bien, la substitution de tel autre élément
généralement étranger à la roche normale, ou qui ne s'y observe
qu'accidentellement ; la variation des proportions relatives des principes constituants minéralogiques, les caractères particuliers que
ceux-ci peuvent revêtir dans des conditions données, leur mode
d'association ou d'agrégation et beaucoup d'autres circonstances
analogues peuvent amener des doutes dans l'esprit de l'observateur
peu expérimenté.

Mais la principale cause d'erreur, celle qui peut mettre en défaut
l'expérience du plus habile, consiste dans la transformation plus ou
moins complète, imprimée à certaines roches par l'effet du métamorphisme.

Sans examiner quelles peuvent être la nature et le mode d'action
des circonstances généralement très complexes qui ont déterminé
ces transformations si variées, nous voulons seulement constater
que leur influence s'est exercée à divers degrés sur presque tous
les éléments constitutifs du système des Vosges, soit que ses effets
s'y manifestent comme phénomènes locaux, limités à certaines roches, soit qu'ils s'étendent aux grandes masses elles-mêmes, dont
ils ont altéré ou modifié les caractères minéralogiques, sinon la nature essentielle.

Le terrain de transition, si développé dans les Vosges, nous offre
à chaque pas des exemples du premier de ces cas : les dépôts schisteux anciens, et peut-être notre terrain gnéissique lui-même paraissent rentrer dans le second.

APERÇU GÉNÉRAL

SUR LA CONSTITUTION GÉOLOGIQUE

DU SYSTÈME DES VOSGES

Je désigne sous le nom de *Système des Vosges*, l'ensemble des terrains qui constituent le *relief* de cette chaîne de montagnes. Ces terrains, au point de vue de leur nature, de leur origine et du rôle qu'ils remplissent dans la constitution géologique des Vosges, appartiennent à deux classes bien distinctes, savoir :

A) *Les Terrains cristallins.*

B) *Les Terrains sédimentaires.*

Les premiers sont constitués par des roches massives ou irrégulièrement stratifiées, qui probablement ont été dans le principe fluides ou pâteuses, et se sont solidifiées par voie de refroidissement. Ces roches ne renferment jamais de fossiles, et, à part quelques accidents isolés et sans importance, elles sont restées généralement dans l'état où elles se trouvaient à l'époque de leur apparition et de leur consolidation.

Les seconds sont composés de roches ou de masses régulièrement stratifiées, formées au sein des eaux par voie de sédimentation, soit qu'elles résultent d'un simple dépôt et d'une agrégation mécanique de leurs éléments minéralogiques, soit que l'affinité chimique ait présidé à l'association de leurs principes constituants, tenus d'abord en suspension ou en dissolution dans le liquide sous lequel elles se sont déposées et consolidées. Elles peuvent recéler des débris organiques, bien que cette circonstance soit peu commune dans les Vosges. Elles s'observent souvent dans leur état *primitif* ou *normal*, mais souvent aussi elles ont éprouvé, postérieurement à leur dépôt, des dislocations plus ou moins importantes qui ont changé leurs rapports ou leur position et altéré leur stratification, mais surtout, des modifications plus ou moins profondes, qui ont porté tout à la fois sur leur état de cohésion, leur texture et leur constitution minéralogique et chimique. Ces modifications qui peuvent aller jusqu'à une transformation complète, paraissent être assez souvent le résultat d'une action plus ou moins directe, exercée par certaines roches du groupe précédent, notamment par celles qui ont une origine *éruptive*.

Les Terrains cristallins présentent un immense développement dans les Vosges. Ils forment la base de tout le système, et constituent presque exclusivement les trois massifs principaux de la chaîne, savoir : celui du *Champ-du-Feu*, situé au Nord-Est, celui des *Ballons*, dans la région méridionale, et la *Grande-Chaîne*, qui réunit ces deux groupes importants.

En outre, chacun de ces massifs envoie des prolongements et des ramifications qui pénètrent dans les régions occupées par les terrains sédimentaires, et les roches qui constituent ces ramifications se montrent souvent à de très grandes distances de leur point d'attache, sous forme de lambeaux isolés, de petits îlots ou de simples pointements, soit qu'elles aient été en parties recouvertes par les roches stratifiées qui se sont déposées à leur surface et auxquelles

elles servent de base, soit qu'elles se soient fait jour à travers ces mêmes roches fracturées, soulevées ou déplacées par elles, quand l'époque de leur apparition est postérieure au dépôt et à la consolidation de celle-ci.

Les Terrains sédimentaires occupent aussi des surfaces très étendues, et sont disposés irrégulièrement autour des trois grands massifs formés par les terrains cristallins; rarement on les voit s'élever jusqu'aux sommités de ces massifs, quoique cependant cela s'observe sur quelques points pour le terrain de transition. Leurs masses présentent généralement plus de puissance, d'étendue et de continuité à une certaine distance de l'axe de la chaîne que sur les points plus rapprochés, où ils ne se montrent souvent qu'à l'état de lambeaux isolés, couronnant les contre-forts, ou déposés sur quelques points des versants.

Les Terrains cristallins forment un ensemble extrêmement complexe, composé de roches très variées quant à leur structure et leur constitution minéralogique, et dont les unes paraissent faire partie du sol *primordial*, c'est-à-dire de la première enveloppe solide du globe terrestre, tandis que les autres se sont produites successivement, et ont surgi à des époques différentes, pour la plupart postérieures aux premiers dépôts sédimentaires.

Les Terrains sédimentaires des Vosges appartiennent aussi à des époques différentes, mais généralement très anciennes.

Les uns doivent être rapportés aux terrains dits de transition, dont ils paraissent représenter les étages moyen et supérieur, les autres font partie des dépôts les plus anciens de la série désignée sous le nom de *Terrains secondaires*, dans laquelle ils représentent le groupe *Carbonifère*, le groupe *Pénéen* et le *Trias*. Le premier est à peine représenté dans les Vosges, et le dernier ne figure guère dans le relief de la chaîne que par son étage le plus inférieur, le *Grès bigarré*.

Ainsi, en résumé, les éléments constituants du système des Vosges, considérés au point de vue géologique, sont :

A) Le groupe des *Terrains cristallins* qui comprend :
- Le sol ou terrain primordial.
- Le terrain éruptif ou d'épanchement.

B) Le groupe des *Terrains sédimentaires* comprenant :
- *A)* Le terrain de transition carbonifère.
- *B)* Les dépôts secondaires.
  - Pénéen
    - Grès rouge.
    - Grès vosgien.
  - Trias
    - Grès bigarré.
    - Muschelkalck.
    - Marnes irisées.

NOTIONS GÉNÉRALES

SUR

LA NATURE DES ROCHES

Nous venons d'établir dans le précédent article, que les grandes associations désignées soûs le nom de *Terrain* ou de *Formations géologiques*, sont constituées par des masses minérales différant par leur nature, leur origine et leur composition élémentaire. Ces masses, appelées *Roches*, appartiennent à deux catégories distinctes.

La première comprend toutes les roches constituées dès l'origine par des éléments qui leur sont propres, et qui ont pris naissance ou se sont développées à la même époque

que les masses dont elles font partie. On pourrait les désigner sous le nom de *Roches primaires*, car nous verrons
bientôt que ce sont elles qui ont fourni les matériaux ou la
matière première de toutes les roches de la deuxième catégorie. En outre, nous avons vu déjà que ces roches sont de
deux ordres, savoir :

1° Celles qui constituent le *Sol primordial*, c'est-à-dire les
couches les plus anciennes du globe, dont elles paraissent
avoir formé la première enveloppe solide. Elles sont généralement cristallines, et affectent une disposition stratiforme
plus ou moins apparente.

2° Celles qui ont surgi à diverses époques à travers l'enveloppe consolidée, dont elles ont fracturé et déplacé les éléments représentés, soit par les couches primordiales seules,
soit par les dépôts plus ou moins anciens qui ont successivement recouvert celles-ci. Elles sont généralement cristallines; cependant elles sont souvent aussi plus ou moins
complètement homogènes. Nous verrons bientôt que cette
différence de texture est sans doute en rapport avec le degré
dans lequel les affinités électives ont pu s'exercer dans les
masses, à l'époque de leur solidification. Elles ne sont jamais
disposées en couches régulières; mais elles forment des massifs puissants, ou bien des masses moins développées, plus
ou moins étendues, mais généralement étroites et compri-
mées, désignées sous les noms de *Dykes*, *Filons*, etc., qui
coupent ou traversent les terrains de tous les âges. On désigne ces roches sous le nom de *Roches éruptives*.

Le Terrain primordial est représenté dans les Vosges par
le *Gneiss* et ses modifications accidentelles ou locales.

Les Roches éruptives, beaucoup plus nombreuses et plus
variées, peuvent être rapportées à un certain nombre de
groupes distincts, dont les principaux sont : 1° celui du Gra-

nite; 2° celui de la Syénite; 3° celui du Diorite; 4° celui du Porphyre feldspathique; 5° celui du Mélaphyre; 6° celui de la Serpentine et de l'Euphotide.

La deuxième catégorie de roches comprend toutes celles qui sont composées d'éléments détritiques provenant de la destruction de roches plus anciennes dont les débris, plus ou moins divisés et atténués, ont été entraînés et déposés par les eaux sous forme de couches superposées, qui se sont ensuite consolidées. Cette consolidation s'est opérée par la réunion des parties ou particules élémentaires, qui se sont soudées les unes aux autres, soit directement et sous la seule influence de certaines conditions de température et de pression, soit par l'intermédiaire d'une substance étrangère qui leur a servi de moyen d'union ou de ciment. On désigne ces roches *secondaires* ou détritiques sous le nom de *Roches sédimentaires*. Elles constituent des dépôts, plus ou moins épais, s'étendant en général sur de grandes surfaces, et formés de couches parallèles, auxquelles on donne le nom de *Strates*. Elles offrent une grande diversité, non seulement sous le rapport de la nature, de l'origine et du nombre de leurs éléments constituants, mais encore sous celui de la forme, du volume, des proportions relatives et du mode d'agrégation de ces mêmes éléments. C'est de ces diverses conditions que la plupart d'entre elles tirent leur nom générique et spécifique.

En outre, parmi ces roches détritiques, les unes ont conservé leur constitution originelle, c'est-à-dire les caractères et les propriétés qu'elles avaient à l'époque de leur consolidation. On les nomme *Roches normales*.

D'autres, au contraire, sous l'influence de causes plus ou moins appréciables, générales ou locales, ont subi des modifications, variables quant à leur nature et à leur degré, qui ont porté, tantôt sur leurs propriétés physiques, tantôt à la fois sur leurs caractères minéralogiques et leur constitution chimique : on les désigne sous le nom générique de *Roches modifiées*, ou de *Roches métamorphiques*. La plupart d'entre elles conservent le nom spécifique du type originaire dont elles dérivent. Cependant l'usage a consacré pour quelques-unes des désignations particulières. Ce sont surtout celles qui ont subi une transformation assez radicale pour faire disparaître à peu près complètement les caractères de la *Roche normale*.

CONSTITUTION MINÉRALOGIQUE

DES ROCHES DES VOSGES

Nous ne nous occuperons dans cet article que de la composition des roches primaires, c'est-à-dire de celles dont les éléments constituants sont contemporains des masses elles-mêmes et dont les débris ou les éléments dissociés ont donné naissance aux roches secondaires ou sédimentaires, auxquelles elles ont en quelque sorte servi de matière première.

Indiquons d'abord les éléments constituants ou minéralogiques de ces roches. On les divise en éléments essentiels, accessoires et accidentels.

Les premiers sont les espèces minérales qui, isolées et en grandes masses, peuvent constituer à elles seules des roches, que l'on désigne pour cette raison sous le nom de Rochés simples; ou bien qui, associées au nombre de deux ou trois, constituent par leur réunion les principaux types de roches composées, que l'on considère généralement comme des espèces distinctes. Par exemple : le Quartz et l'Orthose dans la Pegmatite; le Feldspath et l'Amphibole dans le Diorite; le Feldspath et le Diallage dans l'Euphotide; le Quartz, l'Orthose et le Mica dans le Granite et dans le Gneiss, etc.

Les éléments accessoires sont ceux qui, sans entrer dans la composition normale de telle ou telle espèce de roches s'y observent cependant avec une certaine fréquence, et constituent même par leur association avec les éléments essentiels, des variétés assez constantes dans leurs caractères, très répandues, ou propres à quelques localités. Par exemple, l'Amphibole dans les Granites, le Mica dans les Syénites, la Tourmaline dans la Pegmatite, le Grenat dans le Leptynite.

Enfin, les éléments accidentels sont ceux qui peuvent être considérés comme tout à fait étrangers à la composition normale d'une roche, dans laquelle on ne les observe guère que disséminés dans la masse ou groupés dans quelques-unes de ces parties. Par exemple, la Tourmaline, l'Epidote dans le Granite, la Pinite dans le Porphyre quartzifère et le Leptynite, le Sphène dans le Diorite, etc. Disons toutefois que ces associations, tout en conservant leur caractère accidentel, paraissent encore soumises à certaines lois d'affinité élective. Cette observation s'applique plus spécialement aux minéraux disséminés dans la masse de la roche, car il n'en est pas tout à fait ainsi pour les substances disposées en nids, en veines ou en filons.

Il est à peine utile de faire remarquer que les substances minérales qui jouent le rôle d'éléments essentiels dans la composition des principales espèces de roches, peuvent se retrouver à titre d'éléments accessoires ou même accidentels dans d'autres espèces, différentes sous le rapport de la constitution minéralogique normale. J'ai déjà donné une description détaillée de toutes les espèces minérales qui entrent dans la composition des principales roches des Vosges. Elle fait l'objet d'un mémoire publié dans les *Annales de la Société d'Emulation des Vosges* pour les années 1853, 1854 et 1855. Je me bornerai donc ici à une simple énumération de ces substances minérales, avec l'indication spéciale des roches dont elles font partie, et celles des principales localités dans lesquelles on les rencontre le plus communément.

On remarquera que l'énumération qui va suivre ne comprend point les substances minérales qui appartiennent en propre aux dépôts ou filons métallifères. Il sera fait mention de ces substances dans l'article spécialement réservé à chacun des terrains dans lesquels se trouvent les dépôts ou filons métallifères les plus importants.

TABLEAU INDICATIF

DES SUBSTANCES MINÉRALES QUI ENTRENT DANS LA

COMPOSITION DES ROCHES DES VOSGES

A TITRE DE COMPOSANTS NORMAUX ESSENTIELS, OU D'ÉLÉMENTS
ACCESSOIRES ET ACCIDENTELS

Le Quartz.

En grandes masses, il forme seul des roches, à Hérival, à La Bresse, au Valtin, à Xéfosse, à la Côte du Bonhomme, au Schlusselstein.

En grains, il constitue la masse des Grès.

En grains cristallins ou en cristaux, il fait partie constituante des Pegmatites, des Granites, des Gneiss, des Porphyres quartzifères.

Les Feldspaths.

Cette dénomination générique s'applique à un certain nombre d'espèces minérales qui constituent l'un des composants minéralogiques essentiels de la plupart des roches cristallines, et que l'on peut rattacher à trois groupes principaux, savoir :

1° Celui de l'*Orthose*, qui ne renferme qu'une seule espèce, caractérisée par son sytème cristallin (Prisme rhomboïdal oblique) et par la disposition rectangulaire de ses deux clivages principaux.

2° Celui de l'*Albite*, qui comprend une série de minéraux appartenant au sixième type cristallin, dont les caractères minéralogiques n'offrent pas de différence appréciable de l'un à l'autre, et dont la composition chimique, très variable d'ailleurs, se rapproche plus ou moins de l'une des trois espèces suivantes : Albité, Oligoclase, Andésite.

3° Celui du *Labrador*, qui se compose de minéraux feldspathiques à éclat gras, appartenant aussi au sixième type cristallin, et dont la composition chimique se rapproche de celle du Labradorite. On lui attribue dans les Vosges le feldspath des Mélaphyres et une variété que M. Delesse a désignée sous le nom de Vosgite.

A) *L'Orthose*, la seule espèce bien définie et bien déterminée, constitue la masse du Leptynite. On le trouve en outre en grands cristaux et en masses laminaires dans les Pegmatites. (A Saint-Étienne, aux Xettes, aux Arrentès, au Rauenthal, près Sainte-Marie, à Lusse, etc.)

En cristaux maclés hémétropes, dans les Granites porphyroïdes, les Syénites, les Porphyres quartzifères et feldspathiques. (Ballons, Champ-du-Feu, Gérardmer, La Bresse, Fraize, Bonhomme, Saint-Hippolyte, etc.)

En lames cristallines, dans le Granite commun et le Gneiss, etc.

En pâte homogène, dans les Porphyres feldspathiques, les Pétrosilex, etc.

B) *L'Albite*, en petits cristaux dans les Grauwackes modifiées. (Thann, Bitschwiller, Massevaux, environs de Schirmeck et de Senones)..

Dans le Diorite compacte et le Porphyre dioritique. (Fouday).

C) *L'Oligoclase* fait partie constituante des Kersantites. (Wisembach, Sainte-Marie, Clefcy, La Hardalle, Côte du Bonhomme). Se trouve dans les Porphyres de transition. (Schirmeck, Framont). Fait partie constituante des Diorites. (Saint-Blaise, Fouday, Étival, Faymont, Côte de Ribeauvillé).

D) *L'Andésite*, dans les Syénites. (Ballons, Champ-du-Feu). Dans les Granites. (La Bresse, Bouvacôte, Longemer). Dans les Porphyres granitiques. (Longemer, Rochesson, Sapois, etc.)

E) *Le Labrador* fait partie constituante des Mélaphyres. (Belfahy, Plancher-les-Mines, Le Puix, Chevestraye). Se trouve en outre en lamelles ou en cristaux dans les dégradations du Mélaphyre, les Spilites et les roches métamorphiques qui les accompagnent. Dans l'Euphotide ? (Oderen).

F) *La Vosgite* fait partie constituante du Porphyre de Ternuay. (Pyroxénite). Se trouve en outre dans les dégradations de cette roche.

L'Amphibole.

A) *Hornblende* fait partie constituante des Syénites (Ballons) et des Diorites (Bourmont, Ban-de-la-Roche, Val-d'Ajol). Se trouve dans les Granites. (Côte de Sainte-Marie, Minaurupt)·

B) *Actinote* dans le Diorite de Font-Jean. Dans les Gneiss au Saint-Philippe.

Le Pyroxène.

Augite. Fait partie constituante du Porphyre de Ternuay ou Pyroxénite. Se trouve en gros cristaux dans les dégradations de cette même roche. Dans les Mélaphyres et leurs dégradations à Plancher-les-Mines, Chevestraye, Belfahy, Le Puix.

Malacolite et Sahlite dans le calcaire lamellaire et le Gneiss encaissant au Saint-Philippe, au Chipal, à Urbeiss.

Les Micas.

Phlogopite. Mica-magnésien. Vert, passant au rose ou au cuivré par altération. Dans le calcaire lamellaire du Saint-Philippe et du Chipal.

Brun (Ferro-magnésien). Dans les Granites porphyroïdes à Rupt, Rochesson, etc. Dans les Syénites. (Ballons, Champ-du-Feu). Dans les Porphyres syénitiques (*Prismes hexaèdres.* Étival). Dans les Kersantites. (Wisembach, Clefcy). Dans les Minettes. (Buisson-Ardent, Pont-des-Fées, Roches-Margot, Frabois).

Blanc. Mica clair potassique. En larges lames et en longues bandes, dans les Pegmatites et Hyalomictes, au Phannoux près Sainte-Marie, aux Xettes, à La Haie-Griselle, à Gérardmer, aux Arrentès-de-Corcieux.

En petites lamelles dans les Granites. (Remiremont, Docelles).

Vert. Passant au talc. Dans les Granites désignés sous le nom de Protogynes, au Brézoir, à Rochesson, à Vieux-Moulin.

Les Talcs.

Stéatite (Pseudomorphique). Dans les Granites altérés et les Pegmatites (Raon-l'Etape, Saint-Blaise, Saint-Siméon, près Senones), dans les Schistes métamorphiques, dans l'Euphotide (Odern), dans le Quartz en roche, au Valtin, à la Roche-du-Diable.

Chlorite et Ripidolite. Dans les Granites, au Belliard, au Tholy, à Gérardmer, au Brézoir, à Saint-Hippolyte, dans les Serpentines, au Tholy, à Liézey, Col du Pertuis, à Narouël, Sainte-Sabine, aux Xettes.

Chlorite ferrugineuse. Dans les Mélaphyres et les Spilites.

Le Dialage.

Brun bronzite. Fait partie constituante de l'Euphotide, à Odern, au Drumont, Vallée de La Thur.

Métalloïde. Dans la Serpentine. (Rausenthal, Bagenelle).

Vert. Dans la Serpentine. (Col du Pertuis, Xettes de Gérardmer, Houx.

La Serpentine.

Commune. En grandes masses ou roches à Éloyes, Sainte-Sabine, Cleurie, Liézey, Haut-Neymont, Bonhomme, etc.

Noble. Cléroïde, jaunâtre, verdâtre ou rouge, en veines dans la Serpentine commune au Goujot, à Sainte-Sabine, à la Mousse, dans l'Euphotide à Odern.

Chrysotil. En petites veines formées de fibres soyeuses, blanches, dans la Serpentine commune, au Goujot, à Sainte-Sabine, Xettes.

La Chaux carbonatée.

En grandes masses cristallines et lamellaires, elle forme des roches enclavées dans le Gneiss, au Chipal, à Laveline, au Saint-Philippe.

En grandes masses saccharoïdes ou compactes, elle forme des roches dans le terrain de transition, dans le terrain houiller.

En veines et en noyaux cristallins dans les Amygdaloïdes, dans les Kersantites, dans la Serpentine, etc.

La Dolomie.

En grandes masses cristallines lamellaires dans le Gneiss, à Mandray. Dans les terrains de transition, en masses saccharoïdes et carrées (à Schirmeck, Framont). En masses grenues dans le terrain houiller (Villé), et dans le Grès rouge (Saint-Dié, Bruyères, Senones).

En cristaux dans les cavités des masses et dans les rognons. (Mandray, Schirmeck, Robache). Dans les Amygdaloïdes, dans les Serpentines.

Les substances minérales que nous venons d'énumérer, à l'exception de deux ou trois d'entre elles que nous n'avons pas cru pouvoir séparer des espèces auxquelles elles appartiennent, doivent être considérées comme les principes constituants normaux et essentiels de toutes les roches primaires du système des Vosges. Celles qu'il nous reste à indiquer, ne figurent plus dans ces roches qu'à titre d'éléments accessoires ou même de substances tout à fait accidentelles.

Parmi les premières, il en est un certain nombre qui ont une importance toute particulière, soit à raison de leur grande fréquence et de la diversité des roches dans lesquelles on les rencontre, soit parce qu'elles modifient d'une manière plus ou moins sensible les caractères physiques et minéralogiques des masses dont elles font partie.

Telles sont l'Épidote, le Grenat, la Tourmaline, le Graphite. Parmi les dernières, quelques-unes, au contraire, constituent de véritables raretés minéralogiques locales. Telles sont la Condrodite, le Spinelle, l'Axinite, la Datholite.

MINÉRAUX ACCESSOIRES DANS LES ROCHES

L'Épidote.

Dans les roches cristallines, Granites, Syénites, Diorites,

Porphyres. (Champ-du-Feu, Ban-de-la-Roche, Roches-Margot, Étival).

En longues aiguilles prismatiques groupées en faisceaux dans les roches métamorphiques, au Petit-Donon, Pont-de-Charité.

En faisceaux de fibres radiées, à Fouday, Urbeiss, à Faucogney.

Le Grenat.

En grands cristaux et en masses cristallines laminaires, rouges, bruns, dans le Gneiss au Saint-Philippe, dans le Diorite à la Côte de Ribeauvillé.

En petits cristaux granuliformes dans le Granite et le Leptynite. (Ranfaing, Tendon, Saint-Étienne).

En cristaux trapézoïdaux dans les Pegmatites. (Lusse).

Grenat magnésien. Concretions sphéroïdales verdâtres ou brunâtres, dans les Serpentines. (Narouël, Haut-Neymont, Col du Pertuis de Liézey, Sainte-Sabine, La Mousse, Tholy, aux Xettes).

La Tourmaline.

En gros prismes courts à 12 pans avec sommets rhomboëdriques et en masses cristallines dans la Pegmatite du Phannoux, près Sainte-Marie.

En longs faisceaux radiés et flabelliformés dans le quartz en roche, au-dessus de Fouchifol et La Croix-aux-Mines, au Bonhomme.

En petits cristaux et en aiguilles cristallines dans les Pegmatites et les Granites. (Gérardmer, Haie-Griselle, Arrentès).

Le Graphite.

En petites tables cristallines dans le calcaire lamellaire. (Saint-Philippe, Laveline, Chipal). Dans le Gneiss. (Sainte-Marie, Wisembach, Fraize, Galerie d'Allegoutte, Laveline,

Colroy, Lubine). Dans les Phtanites et Schistes quartzeux. (Urbeiss).

La Pinite et la Cordiérite.

En petits prismes à 6 et 12 pans dans le Granite et le Leptynite, à Ranfaing. En plaques et petites masses dans le Leptynite gneissique au Tholy, à Gérardmer.

En gros prismes à 12 pans dans les Porphyres quartzifères au lac de Séeven, à La Bresse.

Le Sphène.

En grands cristaux bruns, dans une roche subordonnée, au Gneiss, au Saint-Philippe, à Urbeiss, dans les Diorites, à Faymont, Côte Daniole, Ribeauvillé, Etival.

En petits cristaux dans les Syénites et les Granites syénitiques, au Champ-du-Feu, environs de Senones, Côte de Sainte-Marie, Ballons.

Le Zircon.

En petits cristaux prismatiques et microscopiques dans les Syénites. (Champ-du-Feu, Barr, Andlau, environs de Senones, La Forain).

Le Fer oxydulé titanifère.

En grains et en petits cristaux octaèdres microscopiques, dans les Syénites et Granites syénitiques. (Champ-du-Feu, Ban-de-la-Roche, environs de Senones, Roches-Margot, La Forain).

Le Fer chromé.

En grains et en petites masses grenues dans la Serpentine, au Goujot, Sainte-Sabine, au Tholy, Col des Bagenelles.

Le Fer oligiste.

En cristaux dans les Granites, au Brézoir, dans les Grauwackes, Weischeid; dans les Arkoses, La Poirie, Taintrux.

En lamelles dans le Gneiss. (Wisembach, Lubine, Bonhomme).

Le Fer sulfuré. Pyrite.

Dans les Diorites au Ban-de-la-Roche, dans les Grauswackes métamorphiques et pétrosiliceuses. (Grandfontaine, Framont, Fouday).

MINÉRAUX QUI SE TROUVENT ACCIDENTELLEMENT DANS QUELQUES ROCHES.

La Pyrite magnétique.

Dans le calcaire du Saint-Philippe, dans les Diorites et les Kersantites. (Saint-Blaise, Fouday, Wisembach, Clefcy, La Hardalle).

Le Fer oxydé hématite.

En veines et en nids dans les Grauswackes, les Arkoses, les Grès.

Le Fer carbonaté et Mésitinspath.

Dans le Granite et le Gneiss. (Brézoir, Sainte-Marie, Laveline). Dans les Diorites et les Kersantites, dans les Serpentines.

Le Fer arsenical.

Dans le Gneiss. (Sainte-Marie. Dans le calcaire carbonifère (Villé).

Le Manganèse hydraté.

Enduits minces dans les fissures de certaines roches. Porphyre, Grauwackes, Calcaires. (Schirmeck, Vallée de Senones.) Pulvérulent dans les vacuoles des Amygdaloïdes et Spilites. (Côtes de Senones, Ban-de-Sapt, Remémont).

Le Molybdène sulfuré.

Dans le Quartz et le Granite, au Thillot.

Le Cuivre pyriteux.

En petites mouches dans le Quartz (Valtin, Fachepremont).

Le Cuivre carbonaté vert et bleu.

Dans le Quartz, dans les Grauwackes, dans le Grès bigarré.

Le Spath Fluor.

Dans les Granites à Plombières, dans la Pigmatite à Raon, dans la Grauwacke à Thann, Saint-Amarin, dans la Dolomie à Robache, etc.

La Baryte sulfatée.

Dans les Granites et le Gneiss. -

Dans la Grauwacke (environs de Senones).

Dans les Arkoses, Taintrux, Reherrey, La Poirie, Saint-Dié.

L'Halloysite.

Dans les Granites et les Gneiss, dans la Pegmatite.

La Pyrosclérite.

Dans le calcaire lamellaire, Saint-Philippe, Chipal.

La Trémolite.

Dans le calcaire lamellaire à Laveline.

La Pyrosclérite.

Dans le calcaire lamellaire, Saint-Philippe, Chipal.

L'Asbeste.

Dans le Gneiss, au Saint-Philippe, dans les Diorites, Fouday, Rothau, dans l'Euphotide, Odern.

La Tibrolite.

Dans les Gneiss, à Liepvre, Saint-Hippolyte.

La Krokidolite.

Dans la Minette, à Wackembach, Schirmeck, Noires-Maisons.

L'Axinite.

Dans la Grauwacke métamorphique, au Petit-Donon, à Rothau, dans l'Euphotide, Odern.

La Datholite.

En cristaux groupés dans les Géodes de la Kersantite, Côte de Sainte-Marie.

La Condrodite.

En grains jaunes orangés, dans le calcaire du Chipal.

Le Spinelle.

Dans le calcaire lamellaire, Chipal, Laveline, Saint-Philippe.

La Heulandite (zéolite.)

Dans les Amygdaloïdes.

La Nemalite.

Dans la Serpentine, au Goujot, à Sainte-Sabine, aux Xettes.

La Brucite.

Dans la Serpentine, au Goujot.

TABLEAU SOMMAIRE

ET CLASSIFICATION MINÉRALOGIQUE

DE TOUTES LES ESPÈCES ET DES PRINCIPALES VARIÉTÉS DE ROCHES

QUI ENTRENT DANS LA COMPOSITION

DU SYSTÈME DES VOSGES

AVEC L'INDICATION DE LEURS PRINCIPES CONSTITUANTS ESSENTIELS, DE LEURS COMPOSANTS ACCESSOIRES, ET DES SUBSTANCES MINÉRALES QUI S'OBSERVENT ACCIDENTELLRMENT DANS CHA- QUE ESPÈCE.

I. ROCHES AGRÉGÉES

A) ROCHES PHANÉROGÈNES

ÉLÉMENTS DISTINCTS, CONSTITUÉS PAR LES ESPÈCES MINÉRALES DÉFINIES

I. ROCHES FELDSPATHIQUES

Leptynite.

Composants essentiels.   Feldspath orthose lamellaire ou grenu.

—   accessoires: { Quartz, Mica, Grenat, Tourmaline, Pinite.

(Ranfaing, Saint-Étienne, Tholy, Liézey, Tendon, Gerbépal, Granges.)

Pegmatite.

Composants essentiels.   Feldspath orthose cristallisé.

Composants accessoires.	Quartz, Mica en larges lames, Tourmaline.
Minéraux accidentels.	Talc, Pyrite de fer, Oligiste.

(Saint-Étienne, Ranfaing, Saint-Nabord,
 Gérardmer, Arrentès de Corcieux, Lusse,
 Sainte-Marie au Rosenthal.)

Syénite.

Composants essentiels.	Feldspath andésite, amphibole, hornblende.
— accessoires.	Quartz, Mica hexagonal brun, Orthose.
Minéraux accidentels.	Épidote, Sphène, Zircon, fer titanifère.

(Ballons de Saint-Maurice et de Servance,
 Château-Lambert, Vallée des Charbonniers, Plaine de Corravillers, Vallée du
 Tholy, Saint-Jean-d'Ormont, Roches-
 Margot, près Senones, Champ-du-Feu,
 à Natzwiller, Simmering, Solbach.)

La Protogyne.

Cette roche n'est point dans les Vosges une véritable espéce, mais
une simple variété du Granite.

Composants essentiels.	Feldspath orthose, Talc chlorite, Quartz.
— accessoires.	(?)

(Au Tholy, ferme de Naurichel, Rochesson, à Quintin, Brézoir, Bagenelles,
 Vieux-Moulin.)

Le Granite.

Composants essentiels.	Feldspath orthose, Quartz, Mica.
— accessoires.	Feldspath andésite ou oligoclase, Amphibole, Hornblende, Talc.
Substances accidentelles.	Épidote, Tourmaline, Pinite, Grenat, Sphène, Graphite.

Variétés du Granite :

A) **Commun** ou **normal**. — Gérardmer, Le Valtin, Plainfaing, Gerbépal, Corcieux, Côte du Bonhomme.

B) **A deux Micas**. — Remiremont, Saint-Étienne, Le Tholy, Tendon, Pont-des-Fées, Arrentès, Gerbépal.

C) **A deux Feldspaths.** — Gérardmer, Longemer, La Bresse, Sapois, Le Bonhomme, Sainte-Marie, Champ-du-Feu.

Le Gneiss.

Composants essentiels. Feldspath, Orthose, Quartz, Mica.

— accessoires. { Graphite, Talc chlorite, Oligiste écailleux.

Substances accidentelles. { Tourmaline, Grenat, Amphibole, Hornblende et Actinote, Sphène, Pyroxène sahlite, fibrolite.

(Côte du Plafond, La Croix-aux-Mines, Sainte-Marie, Liepvre, Urbeiss, Colroy.)

Gneiss Graphiteux. — Galerie d'Allegoutte, à Laveline, Wisembach, etc.

II. ROCHES MICACÉES

Le Micaschiste.

Composants essentiels. Mica, Quartz.
— accessoires. Orthose.
(Liepvre, Urbeiss, Lubine, Colroy.)

La Kersantite.

Composants essentiels. { Mica ferro-magnésien, Feldspath, Oligoclase, Hornblende, Quartz, Orthose.

— accessoires. (?)

Substances accidentelles. { Pyrite commun, Pyrite Magnétique, Grenat, Épidote, Chaux carbonatée spathique, Chlorite, Datholite en cristaux.

(Sainte-Marie, Wisembach, Côte de Sainte-Marie, Faing-Thierry, Côte du Bonhomme.)

La Sélagite.

Composants essentiels. { Mica ferro-magnésien, Hornblende, Oligoclase.

— accessoires. Quartz, Orthose.
Substances accidentelles. Pyrite, Fer carbonaté.
(Clefcy, La Hardalle.)

La Minette (ou Micacite).

Composants essentiels. Mica brun ferro-magnésien, Orthose.
—   accessoires. Amphibole, Épidote, Chlorite.
Substances accidentelles. Pyrite, Grenat, Chaux carbonatée, Krokidolite.

(Ballon de Saint-Maurice, Traits-de-Ro-
ches, Buisson-Ardent, Pont des Fées,
Roches-Margot près Senones, Moulin
de Frabois, Mont-Chauve (Bas-Rhin),
Bipierre, Barembach.)

III. ROCHES AMPHIBOLIQUES

L'Amphibolite.

Composants essentiels. Amphibole hornblende.
—   accessoires. Feldspath, Oligoclase, Actinote.
Substances accidentelles. Labrador? Pyrite, Mésitinspath.

Variétés :

A) **Lamellaire.** — Fresse, au Pont-Jean, Ruisseau du Couar, Rim_
bach.

B) **Schistoïde.** — Ballon de Saint-Maurice, Pont du Creux, Plaine,
Ruisseau du Thillot, Pont de Lette, Lac de Fondromé, Roches-Margot.

Le Diorite.

Composants essentiels. Amphibole hornblende, Oligoclase.
—   accessoires. ⎰ Actinote, Andésite, Albíte, Quartz, La-
⎱ brador ?
Substances accidentelles. ⎰ Sphène, Épidote, Chlorite, Grenat, Py-
⎱ rite.

Variétés :

A) **Granitoïde.** — Au-dessus du Bozon, Servance, Côte Daniale, au
Val-d'Ajol, Côte de Ribeauvillé, Étival, Saint-Blaise-la-Roche,
Fouday.

B) **Avec Amphibole aciculaire.** — Fouday, Walderspach.

C) **Lamellaire ou Diorite schistoïde.** — Ballon de Saint-Maurice,
Lac de Fondromé, Pont de Lette, Roches-Margot près Senones, Faing Thierry près Saint-Dié.

3

IV. ROCHES DIALLAGIQUES

L'Euphotide.

Composants essentiels. — Diallage, Feldspath labrador ?

— accessoires. — Serpentine, Talc.

Substances accidentelles. } Fer oxydulé, Pyrite, Quartz, Albite, Amiante, Axinite, Carbonates.

(Oderen, au Thalhorn, Vallée de la Thur (rive droite), Steinlbach, Felleringen, Sommet du Drumont, Ballon de Guebwiller, à l'entrée de la forêt de Geishausen.)

V. ROCHES SERPENTINEUSES

L'Ophiolite (ou la Serpentine).

Composants essentiels... } Serpentine commune, formant la masse de la roche.

— accessoires. } Serpentine noble, Chrysotil, Grenat magnésien, Diallage, Talc, Fer chromé.

Substances accidentelles. } Némalite, Brucite, Chaux carbonatée, Dolomie.

(Sainte-Sabine, Éloyes, Goujot, Charme de Tendon, La Mousse, Cleurie, Col du Pertuis de Liézey, Xettes de Gérardmer, Narouël, Champdray, Jussarupt, Bonhomme, Bagenelles, Odern.)

VI. ROCHES PYROXÉNIQUES

La Pyroxénite (Porphyre de Ternuay), Ophitone ?

Composants essentiels... } Pyroxène augite, Feldspath labradorique (Vosgite).

— accessoires. — Chlorite verte, Épidote.

Substances accidentelles. { Heulandite, Quartz calcédonieux, Chaux carbonatée.
(Ternuay et Mélisey (Haute-Saône), Saint-Bresson, Saint-Barthélemy, La Grève près Miélin, Oberbruck (Haut-Rhin).

VII. ROCHES QUARTZEUSES

Le Quartz en roche.

Composant essentiel. Quartz commun, céroïde calcédonieux.
— accessoires. { Quartz hyalin, Améthiste, Calcédoine, Stéatite.
Substances accidentelles. { Tourmaline, Orthose, Mica, Fer oligiste, Cuivre pyriteux et carbonaté.
(Vallée des Roches, Hérival, La Bresse, Rochesson, Roche du Diable, Xéfosse, Valtin, Bonhomme, au-dessus de Fouchifol.)

Le Phtanite.

Composant essentiel. Quartz compact schistoïde.
— accessoires. Graphite, Talc.
Substances accidentelles. Fer oligiste écailleux, Talc.
(Urbeiss, Col de Lubine, Base du Climont, Montagne du Landzol, Bonhomme.)

VIII. ROCHES CALCAIRES

Le Calcaire lamellaire.

Composant essentiel, Chaux carbonatée lamellaire.
— accessoires. Mica magnésien, Pyrosclérite, Graphite.
Substances accidentelles. Pyroxène malacolite, Sphène, Orthose, Pyrite, Pyrite magnétique, Condrodite, Trémolite, Spinelle.
(Colline des Journaux au Chipal, Laveline, Wisembach, Saint-Philippe, Val de La Petite-Liepvre.)

La Dolomie.

Composant essentiel.	Calcaire magnésien, lamellaire et grenu.
— accessoires..	Braunspath, Dolomie cristallisée, Fer spathique.
Substances accidentelles.	Quartz, Fer oligiste.
	(Mandray.)

B) ROCHES PHANÉRO-ADÉLOGÈNES

ÉLÉMENTS DISTINCTS, GÉNÉRALEMENT CONSTITUÉS PAR DES ESPÈCES DÉFINIES, ENVELOPPÉES DANS UNE MASSE PLUS OU MOINS ADÉLOGÈNE OU PATE.

PORPHYRES

Masse plus ou moins homogène, variable quant à sa composition et ses caractères physiques, formant la base ou pâte de la roche et enveloppant des cristaux ou particules distinctes, généralement constitués par des espèces minérales, dont la couleur tranche plus ou moins sur celle de la pâte.

1. PORPHYRE FELDSPATHIQUE

A) Pétrosiliceux.

Pâte................	Masse adélogène, pétrosiliceuse fine et homogène, rose, rouge, verdâtre ou blanchâtre, à cassure esquilleuse, généralement constituée par de l'Orthose.
Cristaux.............	Feldspath, Orthose blanc ou rosé, en cristaux maclés ou en lames, Albite.
Substances accidentelles.	Quartz, Mica, Talc, Épidote.
	(Rothau, Pont des Bas, Bourg-Bruche, La Bresse, La Roche, Lette commune de Rupt, Gérardmer au Fény, Côte de Sainte-Marie.)

B) **Quartzifère.** — *Il se confond d'une part avec la variété précédente, et d'autre part, il passe par degrés au* **Granite Porphyroïde.**

Pâte .... { Masse feldspathique ou pétrosiliceuse plus ou moins abondante, et plus ou moins homogène, blanche, rose, rouge, brune, grise.

Cristaux .... { Orthose maclé hémétrope, blanc, rose ou rouge de corail, Quartz en cristaux hyalins, bipyramidés ou en grains vitreux.

Substances accidentelles. Pinite, Mica hexagonal, Chlorite.

(Longemer, Gérardmer, Fontaine de Breleuil, La Bresse, Rupt, Fresse, Remanvillers, Lac de Séeven, Fraize, Bonhomme, Côte de Sainte-Marie, Saales, Rothau, Petit Donon, etc.)

C) **Argiloïde** ou **Terreux (Thonporphyr).**

Pâte .... { Masse argiloïde, terne, mate, rouge brique, rosée, violacée ou blanchâtre, quelquefois bariolée de diverses teintes.

Cristaux .... { Feldspath blanc, mat ou laiteux, plus ou moins altéré, Quartz hyalin en grains vitreux ou en cristaux groupés dans des géodes.

Substances accidentelles. Mica.

(Saint-Michel, Brehimont et Nompatelize, Oberhaslach, cascade de Niedeck, Val-d'Ajol.)

II. PORPHYRE GRANITIQUE (Eurites porphyroïdes et granitoïdes).

Pâte .... { Masse ou Magma très imparfaitement adélogène, formée des éléments constituants du Granite plus ou moins atténués et en proportions variables.

Cristaux .... Orthse maclé hémétrope, Mica.

Substances accessoires. { Feldspath andésite et oligoclase, Epidote, Amphibole, Tourmaline, Pinite, Sphène.

A) A grands Cristaux maclés d'Orthose, tranchant sur la Pâte **(Eurites Porphyroïdes).** — Rochesson à Couchetat, Envers d'Aurimont, Gérardmer à Cucoinis, Retournemer, Fraize, Plainfaing, La Croix-aux-Mines au Chipal, Wisembach, Côte de Sainte-Marie, etc.

B) Masse formant un fouillis confus de petits cristaux ou de lamelles **(Eurites Granitoïdes).** — Gérardmer au Pont de Vologne, au Fény à Longemer, Farimont, Saut-du-Bouchot, environs de Fraize et La Croix, Wisembach.

N. B. La première de ces variétés passe par degrés au Granite porphyroïde, et la seconde, au Granite commun.

III. PORPHYRE SYÉNITIQUE

Pâte.................. { Masse plus ou moins adélogène, rougeâtre, brunâtre ou gris foncé, composée des éléments de la Syénite.

Cristaux.............. { Andésite, Amphybole en lames, Mica brun en prismes ou en lames hexagonales.

Substances accessoires. Orthose, Epidote, Fer oxydulé, Quartz.

(Natzwiller et Simmering, au Ban-de-la-Roche, Pont-des-Bas et La Claquette près Rothau, Fouday, Solbach, Band-d'Étival, Ballons, Servance.)

IV. PORPHYRE DIORITIQUE (Grunstein Porphyre).

Pâte .... { Masse adélogène verdâtre ou noirâtre, composée des éléments du Diorite.

Cristaux.............. { Oligoclase céroïde blanc verdâtre, hornblende.

Substances accessoires. Albite, Épidote, Chlorite, Asbeste, Pyrite.

(Fouday, Saint-Blaise-la-Roche, Walderspach, Solbach, Bonnefontaine, Le Ménil d'Étival.)

V. PORPHYRE ALBITIQUE (Porphyre brun).

Pâte................. { Masse adélogène ou pétrosiliceuse albitique, brune, grise, verdâtre ou rou-
geâtre.

Cristaux............. { Albite blanche ou rougeâtre, Oligoclase
verdâtre.

(Syndicat de Moyenmoutier, Framont
au-dessus des Minières, carrière de
Schirmeck, Barembach, Basse de la
Scie, La Grande-Fosse, Côte de Bruche.)

VI. PORPHYRE PYROXÉNIQUE, MÉLAPHYRE

Pâte................. { Masse adélogène noire, brune ou grisâtre,
composée de Labrador et de Pyroxène.

Cristaux............. { Labrador verdâtre en cristaux groupés,
Pyroxène augite vert noirâtre.

Substances accessoires. Épidote, Chlorite ferrugineuse, Pyrite.

(Belfahy, Plancher les Mines, Chevestraye
(Haute-Saône), Le Puix, Oberbruck,
Niederbruck, Rimbach, Rougemont,
Dolleren, Massevaux, Rossberg, Ballon
de Guebwiller.)

VII. PORPHYRE ou EURITE MICACÉ (variété de la Minette).

Dans laquelle les éléments normaux sont liés entre eux par une pâte
adélogène (feldspathique), plus ou moins abondante.
(Wackembach, Schirmeck, Saint-Jean, Roches-Margot, Gerbamont,
commune de Rochesson, Morthomme, Saint-Étienne, Ballons.)

C) ROCHES ADÉLOGÈNES

ÉLÉMENTS NON DISCERNABLES A L'ŒIL, TEXTURE SUBLAMELLAIRE
GRENUE OU COMPACTE

La structure particulière des roches qui, dans le principe, ont été fluides ou pâteuses, paraît être la conséquence naturelle des conditions spéciales dans lesquelles s'est opérée la consolidation des masses. Si les affinités ont pu s'exercer librement, de manière à permettre aux éléments chimiques de se réunir et de se grouper dans les proportions voulues pour constituer des espèces minérales définies, la roche offre une texture complétement cristalline. Si une cause quelconque est venue entraver l'action de ses affinités, quelques cristaux seulement se sont séparés de la masse, et, ce qui est assez remarquable, c'est qu'il arrive souvent que les cristaux qui se sont formés dans de telles conditions sont plus volumineux, plus réguliers et mieux développés que dans le cas précédent.

Enfin, quand l'effet de l'affinité a été à peu près nul, la masse minérale s'est solidifiée à l'état de Magma confus et plus ou moins homogène, sans qu'aucune combinaison définie ait pu s'opérer entre ses éléments chimiques. Tel est probablement le cas de la plupart des roches éruptives adélogènes, qui sont en réalité constituées par les mêmes principes que certaines roches cristallines parfaitement développées, dont on pourrait dire qu'elles ne sont que des variétés avortées.

I. EURITES

Roches composées d'une pâte ou masse adélogène, de composition très variable et constituée généralement par les éléments normaux, de diverses roches cristallines, dont la plupart des Eurites ne sont que des dégradations ou plutôt des variétés rudimentaires et oblitérées, dans lesquelles la cristallisation ne s'est point développée.

A) **Eurite compacte.**

Structure massive. (Rochesson, au Grand-Xart et à La Roche des Ducs, entre Thiéfosse et Zinvillers, à Ranfaing, à Pentières près Cleurie, à l'Étang près La Bresse, à Retournemer.)

B) **Eurites et Schistoïdes.**

Structure schistoïde ou stratiforme. (Rupt, Fougerolles le Château, Côte de Sainte-Marie, Base du Donon, Tête Mathis.)

II. PÉTROSILEX

Pâte feldspathique compacte et parfaitement adélogène, à cassure esquilleuse, translucide, rose, grisâtre, verdâtre, etc.

Ces roches ne sont le plus souvent que des variélés d'Eurites compactes, ou bien des Porphyres feldspathiques ou quartzifères à l'état rudimentaire, c'est-à-dire dont aucun composé défini ne s'est séparé de la masse par la cristallisation.

Ne pas confondre avec les roches pétrosiliceuses métamorphiques.

(Au Saint-Mont, à Létraye, à Retournemer.)

III. APHANITES

Roches d'origine éruptives, compactes ou grenues, massives, d'apparence plus ou moins homogène, dures, tenaces, sonores, plus ou moins fusibles, de couleur noire, gris foncé ou verdâtre, généralement constituées par un mélange intime d'une proportion variable de Feldspath albitique, d'Amphibole ou de Chlorite ferrugineuse. (Saint-Bresson, Bussang.)

IV. DIORITINE

Pâte d'apparence homogène, ou quelquefois même pétrosiliceuse, vert foncé ou noirâtre, composé d'un Feldspath albitique, coloré par de l'Amphibole ou un Silicate ferrugineux. Ces roches passent au Porphyre dioritique, quand il s'y est formé des cristaux distincts d'Albite ou d'Oligoclase. (Rothau, Pont-de-Charité, Fouday, Base du Donon, Bonnefontaine commune de La Grande-Fosse, Saint-Jean-d'Ormont, Le Ménil commune d'Étival.)

V. TRAPP

Masse homogène, grenue ou sublamellaire, gris noirâtre ou bleuâtre, sonore, dure, tenace, fusible, composée d'un Feldspath (*Labradorique*), coloré par un hydrosilicate de fer.

Substances accidentelles : Amphibole hornblende et actinote, Épidote, Fer oxydulé, Pyrite commune, Pyrite magnétique, etc. (Raon-l'Étape, Chavré.)

II. ROCHES CONGLOMÉRÉES

OU ROCHES SÉDIMENTAIRES NORMALES

ÉLÉMENTS COMPOSANTS EXCLUSIVEMENT CONSTITUÉS PAR DES FRAGMENTS, DES DÉBRIS, OU DES PARTICULES PLUS OU MOINS ATTÉNUÉES DE ROCHES PRÉEXISTANTES, DÉPOSÉES PAR LES EAUX ET CONSOLIDÉES APRÈS LEURS DÉPOTS, OU BIEN, PRÉCIPITÉES PAR VOIE DE SÉDIMENTATION CHIMIQUE.

ROCHES FORMÉES PAR DÉPOT MÉCANIQUE

1° ROCHES ARGILEUSES

I. SCHISTE ARGILEUX

Masse homogène, de couleur violacée ou gris verdâtre, composée de particules argileuses très atténuées, divisée en lames ou en tranches qui sont elles-mêmes fissiles, et constituées par des feuillets minces, parallèles, et régulièrement superposés.

A) Commun.

Tendre, généralement violacé ou lie de vin, complètement dépourvu de sonorité et s'exfoliant rapidement à l'air. (Base du Climont, La Salcée, Bourmont près Nompatelize, La Voivre près Saint-Dié.)

B) Luisant.

Souvent gris verdâtre, surface des feuillets lustrée ou satinée, douce au toucher. Couches souvent ondulées ou plissées. Quelquefois maclifère. (Val de Villé, Breitenbach, Base du Ungersberg, Biarville commune de Nompatelize.)

II. SCHISTE PHYLLADE (Schiste ardoisier, Ardoise).

Violacé, gris de fumée ou gris verdâtre, dur, sonore, fissile ou divisible en grandes lames minces, parfaitement planes, dont les surfaces sont souvent recouvertes d'un mince enduit, composé de particules de Mica. (La Crache commune de Raon-sur-Plaine.)

III. SCHISTE GROSSIER (partie du Schiste de Grauwacke).

Pâte généralement homogène, verdâtre, brunâtre, grise ou

violacée. Schistosite régulière constituée par des lames planes plus ou moins minces, mais non susceptibles de se subdiviser en feuillets. (Schirmeck, au Tomelsbach, Framont, Galerie de La Chapelle, Syndicat de Moyenmoutier.)

IV. TRAUMATE (Schiste de Grauwacke).

Pâte plus ou moins hétérogène, renfermant souvent des particules discernables à l'œil, grise, verdâtre, brune ou colorée en noir par une matière bitumineuse. Dureté variable, Schistosite plus ou moins régulière, couches souvent peu distinctes et difficiles à séparer. (Schirmeck, à l'Evêché, Wackembach, Bipierre, Vallée du Hasel, route de Senones (audessus de Géroville), Côte de Bussang, environs de Thann et de Massevaux.)

2º MASSIVES OU TERREUSES

ARGILOLITES

Masses d'apparence plus ou moins homogène, terreuses ou compactes, constituées par du Feldspath décomposé, quelquefois pur, plus souvent coloré par l'oxyde de fer, et mélangé de parcelles de Mica altéré, de grains de Quartz et de débris altérés de diverses roches.

A) Terreux.

Pâte plus ou moins homogène, blanche, jaunâtre, grise, rouge de brique, violacée, lie de vin ou bariolée, terne, mate, dépourvue de toute sonorité, peu dure, mais tenace.

A) **Commun.**

Structure massive et uniforme. Pâte généralement assez fine et homogène, ou quelquefois mélangée de parcelles de roches de diverses natures. (Netzenbach, Lutzelhausen, Vallée de La Bruche, Neuve-Voie, cascade de Faymont, au Val-d'Ajol, au Pré du Fény.)

B) **Poreux ou celluleux (Pierre à Four.)**

Masse poreuse et quelquefois même spongieuse. Pâte rude et grossière, rouge ou lie de vin, souvent bariolée de blanc, contenant des grains de Quartz vitreux ou laiteux, des lamelles de Mica et de Talc, des cristaux d'Orthose plus ou moins altéré, etc. (Maxonchamp, Haut du Trait, commune de Rupt, Faymont.)

C) **Amygdaloïde (Spilites.)**

Masse composée d'une pâte violacée, brune ou grise, tenace et résistante, creusée de cellules ou vaccuoles arrondies, quelquefois vides, et plus généralement occupées par des amandes ou noyaux de diverses matières (Chaux carbonatée magnésifère et ferro-magnésifère, Quartz hyalin fibroradié, Stéatite.) (Côtes de Senones, Remémont commune d'Entre-deux-Eaux, Provenchères, La Salle.)

B) **Compacte.**

Pâte fine, généralement homogène, dure, résistante, sonore, à cassure plate et esquilleuse ou conchoïdale.

A) **Commun.**

Teinte uniforme, blanc pur, rosé, jaunâtre. (Ruisseau du Géhar au Val-d'Ajol, Grand-Plaine commune de Sainte-Marie, entre Provenchères et Lusse, Ronchamp au-dessus du terrain houiller.)

B) Zôné et Rubané.

Zônes ou bandes alternatives de diverses couleurs, droites ou flexueuses. Ces teintes variées sont généralement dues à un mélange de Chlorite et de fines parcelles de Mica. (La Poirie commune de Dommartin.)

C) Argiles.

Masses terreuses, d'aspect et de consistance variables, généralement constituées par une pâte fine et homogène, diversement colorée, quelquefois pure, plus souvent mélangée de parcelles détritiques de diverses substances. Elles sont en général douces au toucher ou même onctueuses, happent à la langue et font pâte avec l'eau. Ce sont des Silicates d'Alumine hydratée, à composition mal définie.

A) Argiles schisteuses.

Plus ou moins endurcies, rarement pures, souvent colorées en noir par des matières bitumineuses, en rouge par de l'oxyde de fer, en vert par de la Chlorite, disposées en couches plus ou moins puissantes, composés de feuillets superposés, dans plusieurs terrains de différents âges.

Dans le terrain houiller à Ronchamp, à Lalaye, à Villé, à Saint-Hyppolite, à Lubine, renferment souvent des empreintes de végétaux bien conservées.

Dans le Grès rouge, environs de Saint-Dié, de Bruyères, de Senones.

Dans le Grès bigarré, Soultz, Wasselonne, Rouffach, environs de Plombières, d'Épinal, de Rambervillers, Baccarat, renferment aussi des impressions végétales.

B) Argile glaise (Terre à Potier.)

Masses terreuses tendres, blanchâtres, bleuâtres, jaunâtres ou rouillées, donnant une pâte plastique par leur mélange avec l'eau.

Dans les couches superficielles du sol, ou constituant le sous-sol, dans un grand nombre de localités (Raves, Remomeix, Robache.)

3° ROCHES ARÉNACÉES

A) GRÈS

Agrégats de particules sableuses, à peu près uniformes, généralement arrondies par le frottement.

I. Grès quartzeux.

Masses composées de grains arrondis de quartz sableux, unis entre eux plus ou moins fortement, soit directement, soit par l'intermédiaire d'une substance argileuse.

Grès rouge.

Quartz généralement laiteux en grains irréguliers. Ciment argilo-ferrugineux.

(Environs de Saint-Dié, de Bruyères, de Saales, Champenay.)

Grès Vosgien.

Quartz hyalin en grains réguliers et uniformes, recouverts d'une mince couche siliceuse cristallisée, ciment nul. Teinte rougeâtre, uniforme, due à un léger enduit argilo-ferrugineux.

Se trouve sur tous les points des massifs secondaires du système.

Grès bigarré.

Quartz finement arénacé, ciment plus ou moins apparent ; particules de Mica mélangées à la masse, ou recouvrant les surfaces des couches sur lesquelles elles forment un enduit continu, ou quelquefois des arborisations dendritiques. Teintes blanches, jaunâtres, rougeâtres ou bariolées, structure souvent schistoïde.

(Environs de Plombières, d'Epinal, de Bains, Xertigny, etc., et sur le revers oriental, Soultz, Wasselonne, Ottrott, Rouffach, etc.)

II. Métaxite ou Grès houiller.

Assemblage de grains de Quartz laiteux, de Mica, de lamelles de Feldspath, de particules de Schistes, d'Argile, etc.

(Charbes, Lalaye, Viller, Saint-Hyppolite, Lubine, Colroy. Ronchamp, etc.)

B) QUARTZ-FELS (Grès de Transition).

Roche siliceuse, à texture très serrée, presque compacte, composée de particules de Quartz agglutinées, non discernables à l'œil nu, mélangées d'une petite proportion de particules de Mica très atténuées. Couleur gris de cendre, passant au gris foncé, quelquefois au brun rougeâtre.

(Moyenmoutier au-dessus de Ravines (pierres à aiguiser.)

C) ARKOSE.

Roche arénacée, composée de grains de quartz hyalin ou laiteux, et de parcelles de Feldspath orthose altéré.

Substances accidentelles : Baryte sulfatée, Fer oligiste, Mica brun et blanc.

(Remémont, La Planchette commune d'Entre-deux-Eaux, Coinches, Frapelle, Taintrux, Anould, Anozelle commune de Saulcy.)

D) GRAUWACKE

Assemblage de parcelles, plus ou moins divisées, de Quartz, de Mica, de Feldspath, mélangées à des débris de Schistes, de Porphyres, de Dlorites.

1° A grains fins, structure grossièrement schistoïde.

2° Structure massive, texture grenue et uniforme. (*Grès de Grauwacke.*)

3° Texture granitoïde, égale, éléments distincts et entrelacés.

4° Texture grossière et inégale.

(Moyenmoutier, Senones, La Petite-Raon, Saint-Jean-d'Ormont, Rothau, La Claquette, Thann, Uffholtz.)

3° ROCHES FRAGMENTAIRES

A) ANAGÉNITE

Assemblage de débris ou de fragments anguleux de Granite, de Gneiss, ou plus rarement de Porphyres, réunis par un ciment argilosiliceux.

Substances accidentelles : Baryte sulfatée.

(Taintrux près Saint-Dié, Anould, Côte du Plafond, Coinches, Ban-de-Sapt, Côte du Phény à Neuve-Roche, Sapois, Borémont.)

B) **MIMOPHYRE**

Assemblage de fragments émoussés ou arrondis de Porphyre feldspathique, cimentés par une pâte argileuse endurcie.

(Ober-Haslach, Vallée du Niedeck.)

C) **CONGLOMÉRAT**

Mélange confus de parcelles détritiques, de fragments de toutes formes et dimensions, et même de blocs anguleux ou arrondis de diverses roches, quelquefois assez faiblement unis entre eux, et formant une masse hétérogène, dont l'aspect et la cohésion sont très variables.

1° Dans le terrain de transition, fragments et blocs de Granite, de Porphyre. (Environs de Schirmeck, Russ.)

2° Dans le terrain houiller. (Colroy, Lubine, Lahaye, Villé, Saint-Hyppolite.)

3° Dans le Grès rouge. (Saint-Dié, Saint-Jean-d'Ormont, Denipaire, Saint-Michel.)

D) **BRÈCHES**

Assemblage de fragments anguleux, provenant tantôt d'une seule espèce, tantôt de plusieurs espèces de roches, solidement unis entre eux par une sorte de pâte ou ciment, de nature variable, soit argileuse ou argilo-ferrugineuse, soit feldspathique ou pétrosiliceuse, soit siliceuse ou quartzeuse, quelquefois même calcaire.

Beaucoup de ces roches sont métamorphiques, et il est

fort difficile de les séparer nettement des variétés analogues ou correspondantes qui appartiennent à la catégorie suivante :

1° Dans le terrain de transition. (A Schirmeck, Rothau, La Petite-Raon, Senones, Felleringen, Wisenheim, Sachenat commune de Bussang.)

2° Dans le terrain houiller. (Ronchamp, Villé, Saint-Hyppolite.)

3° Dans le Grès rouge. (Brèches quartzeuses.)

E) **POUDINGUES**

Assemblages de fragments arrondis ou galets de diverses roches et plus spécialement de roches quartzeuses, agglutinées ou réunies par un ciment siliceux ou argilosiliceux.

1° Jaspoïde. (Au Grouhé au-dessus de Schirmeck.)

2° Quartzeux. Dans le Grès Vosgien. (Côte-Jacques, L'hôte-du-Bois, Ormont, Vallée des Rouges-Eaux.)

ROCHES FORMÉES PAR SÉDIMENTATION CHIMIQUE

A) **CALCAIRE**

Chaux carbonatée, grenue ou compacte, pure ou mélangée d'une très faible proportion d'une matière argileuse ou argilo-ferrugineuse, diversement colorée.

1° Grenu (à Framont, Mine de La Chapelle), renferme des cristaux de fer oligiste, cristallisé en octaèdres. Exploité comme castine.

2° Grenu et granulo-compact (fossilifère), (à Wackembach, à Schirmeck, à Russ), teintes verdâtres, grisâtres, brun

rougeâtre, renferme une grande quantité de débris de Polypiers et de Crinoïdes, transformés en chaux carbonatée spathique, souvent colorée en rouge de corail. Exploité comme
marbre.

3° Compacte (dans le terrain houiller), (à Villé, Erlenbach, Triembach, Bimstein.) Exploité comme pierre à chaux,
couleur gris de fumée, renferme des grains de fer arsénical.

B) **DOLOMIE**

Calcaire-magnésien, grenu, saccharoïde, massif ou caverneux, blanc grisâtre, gris jaunâtre ou jaune.

_ Substances accessoires ou accidentelles : Dolomie en cristaux, Braunspath, Quartz hyalin, Chaux fluatée, Fer oligiste.

1° Dans le terrain de transition. (Schirmeck, Framont,
au-dessus des Minières.)

2° Dans le terrain houiller (à Villé, Dambach, Erlenbach,
Triembach.)

3° Dans le Grès rouge (à Saint-Dié, à La Petite-Raon, aux
environs de Saales, Climont, Voyemont, aux environs de
Bruyères.)

III ROCHES MIXTES

ROCHES MODIFIÉES, MÉTAMORPHIQUES OU DIPLOGÉNÉES

A) Base constituée par une masse conglomérée, appartenant à l'une des espèces de roches du groupe précédent,
dans laquelle il s'est produit, sous une influence extérieure,
des modifications ou de nouvelles combinaisons qui en ont
changé ou altéré les caractères primitifs; ou bien, dans la-

quelle des éléments étrangers se sont développés ou introduits postérieurement à son dépôt, ou même à sa consolidation. (*Roches exomorphisées*).

B) Roches d'origine éruptives, dont les caractères ont été
modifiés ou altérés par l'association, l'absorption ou la réac-
tion d'éléments étrangers, empruntés aux masses ambiantes
ou encaissantes. (*Roches endomorphisées*).

A) ROCHES MODIFIÉES PAR EXOMORPHISME OU MÉTA-MORPHIQUES

SCHISTES

1° Micacés.

Schistes argileux modifiés, pénétrés d'une proportion variable de Mica, ou même complètement transformés et passés à l'état de Micaschistes.

Substances accessoires ou accidentelles : Feldspath orthose,
Amphibole, Quartz en grains et en veines, Oligistes, Macles.

(Au Champ-du-Feu, au contact du Granite, descente du
Hohwald, au-dessus d'Andlau, Lubine, au-dessus du village
et sur la route du Hang.

2° Talcifères.

Schistes argileux modifiés et transformés en Schistes talqueux, de couleur vert olive, tendres, à tissus lamelleux,
feuilleté, couches ondulées.

(Lubine, route du Hang, Base du Climont, Côte de Schirmeck.)

SCHISTES DURCIS

Schistes de Grauwacke, plus ou moins complètement modifiés et transformés.

Pâte compacte ou finement grenue, grisâtre, verdâtre, noire, nuancée ou rubanée. Schistosite en partie conservée, surfaces des lames souvent enduites d'une mince couche argileuse ou micacée.

Jaspés.

Pâte très fine, noire, veinée de blanc, renferme souvent du fer sulfuré, en veines ou en grains cristallins.

(A Schirmeck, au-dessus du Tomelsbach, Base du Donon vers Framont, Derlingoutte, Moyenmoutier, Grand-Gour commune du Puix.)

HORNSTEIN, CORNÉENNES

Pâte pétrosiliceuse, de teintes variées, vert clair, grisâtre, rougeâtre, à cassure conchoïdale ou esquileuse, translucide sur les bords des fragments, dans laquelle la schistosité a complètement disparu, et n'est plus indiquée que par la différence de coloration des couches, nettement dessinées sur les tranches par des lignes droites et parallèles, fusibles en émail.

(Syndicat de Moyenmoutier au-dessus de Géroville. Percement de Derlingoutte à Framont, Schirmeck, Grande-Carrière.)

SCHISTES SILICIFIÉS (Hornfels, Lydienne?)

Masse d'apparence homogène, à pâte fine et translucide

sur les bords des fragments minces, infusibles, de couleur
gris noirâtre, gris de fer ou noire, provenant de la transformation des Schistes ou Grès quartzeux à grains fins (Quartzfels.)

(Près la scierie de Ravines, Moyenmoutier, Denipaire, Hurbache.)

GRAUWACKES FELDSPATHISÉES

Grès de Grauwacke à contexture fine ou grossière, qui ont
subi une modification plus ou moins prononcée, ou même
une transformation plus ou moins complète, caractérisée principalement par le développement du *Feldspath albite* dans
leur masse, qui est devenue en même temps plus dense, plus
consistante et plus homogène.

Indépendamment des éléments ordinaires de la Grauwacke
normale et du Feldspath albitique, qui peut être considéré
comme faisant partie constituante de la roche métamorphique, les Grauwackes modifiées, celles surtout qui ont pris la
structure porphyroïde, renferment assez souvent à titre d'éléments accessoires ou accidentels, du Feldspath orthose, de
l'Amphibole, de la Chlorite, de l'Epidote, de la Pyrite de fer,
du Fer carbonaté, du Fer hématite et oligiste, de la Chaux
carbonatée, de la Baryte.

La contexture primitive de la Roche normale et le degré
plus ou moins avancé de métamorphisme et de feldspathisation, donnent lieu à une foule de variétés plus ou moins distinctes de Grauwacke métamorphique, dont les principales
sont :

A) Compacte.

Contexture grenue et serrée, à grains plus ou moins fins
et peu distincts, soudés par un ciment feldspathique à base

d'Albite, couleur verdâtre, jaunâtre, rose, grise, noire (colorée par de l'Anthracite.)

(Wisches, Herspach, Rothau, près Schirmeck, environs de Moyenmoutier et Senones, Thann, Massevaux, Bitschwiller.)

B) Jaspoïde.

Pâte très fine, zonée et rubanée (se confond avec le Schiste pétrosiliceux ou les Hornstein.)

C) Pétrosiliceuse.

Pâte très fine et d'apparence homogène, à cassure esquilleuse, translucide sur les bords des fragments, teintes verdâtres rosées, bleuâtres, grise ou noire (anthraciteuse.)

(Bitschwiller, Thann, Uffholtz, Le Puix, Pont du Bas, Framont, montée du Donon, Derlingoutte.)

D) Porphyroïde.

Pâte plus ou moins feldspathisée, réunissant et cimentant les éléments constituants normaux de la Grauwacke, cristaux d'Albite distincts et régulièrement développés dans la masse. Quartz hyalin en cristaux ou en grains vitreux, Mica vert foncé.

(Thann, Massevaux, Guebwiller, Saint-Amarin, Le Puix, Ansbach, Schirmeck, Framont, Tête-Mathis, forêt de l'Évêché, Basse de la Scie, Derlingoutte.)

E) Brèchiforme.

Assemblage de fragments anguleux ou arrondis de Grauwacke, de Schistes et de roches porphyriques, réunis par un ciment ou pâte feldspathique, renfermant des cristaux distincts d'Albite.

(Thann, Massevaux, Guebwiller, Wisenheim, Le Puix, Auxelles-Haut, Framont, Téte-Mathis, Voite-Basse, Derlingoutte,
entre Senones et Moyenmoutier.)

F) Flammulée ou Pétrosiliceuse Porphyroïde.

Brèche de Grauwacke, dont les fragments plus ou moins
complètement fondus dans la pâte, n'offrent plus que des
contours indécis et des formes vagues, et se distinguent seulement par la différence de leurs teintes.

(Le Puix (Haut-Rhin), au Grand Gour, environs de Giromagny, Saint-Bresson, Thann, Framont, Téte Mathis, Barembach à Bornichon.)

G) Globuleuse ou Sphéroïdale.

Contexture grenue ou compacte, structure en boules ou
sphéroïdes déprimés, dont le centre est souveut occupé par
un noyau feldspathique cristallin, autour duquel se sont groupés les matériaux du Sphéroïde (carrière de Thann, La Claquette près Rothau.)

PYROMÉRIDE (Roches à Globules.)

Pâte grenue, cristalline ou compacte, verdâtre, gris jaunâtre ou quelquefois brune, enveloppant des globules parfaitement distincts et se détachant facilement de la pâte.

Globules assez régulièrement sphériques ou pisiformes,
constitués par une substance pétrosiliceuse, gris de fumée,
verdâtre ou rougeâtre, et dont la structure intérieure est généralement fibreuse et radiée, plus rarement celluleuse et
cloisonnée.

Cette roche paraît être le résultat d'une transformation spéciale du grès de Grauwacke, auquel elle passe par dégradation.

GRÈS SILICIFIÉS

Grains quartzeux réunis par un ciment siliceux ou même calcédonieux, et constituant une masse plus ou moins homogène.

*A) Compacte (Quartzite, variété de Quartz-Fels.)

Masse finement grenue ou quelquefois complètement homogène, dans laquelle les grains de Quartz ne se distinguent plus.

(Haut du Roc, vers Saulxures, Montaigu près Plombières.)

B) Bréchiforme.

Fragments anguleux ou arrondis de Grès agglutinés et plus ou moins confondus dans une sorte de pâte siliceuse ou même calcédonieuse.

(Environs de Barr (Bas-Rhin), Kintzheim, Montaigu près Plombières.)

BRÈCHES QUARTZEUSES SILICIFIÉES

Assemblage de fragments anguleux ou arrondis de roches quartzeuses ou de quartzites, réunis par un ciment siliceux ou calcédonieux, dans lequel ils se fondent plus ou moins complètement vers leurs contours. Quelquefois Quartz hyalin et Fer oligiste tapissant les surfaces des fissures.

(La Vèche commune du Val-d'Ajol, La Poirie, Chèvre-Côte.)

ARKOSES

A) Silicifiées.

Assemblage de grains de Quartz laiteux ou vitreux, et de grains arrondis ou de parcelles de Feldspath, blanc laiteux et altéré, unis par un ciment siliceux, plus ou moins abondant.

(Taintrux, Moulin de Frabois, Fréteux commune du Ban-de-Sapt.)

B) Feldspathisées.

1° Commun ou Granitoïde. Grains de Quartz vitreux, Feldspath et parcelles de Mica réunis par un ciment de Feldspath orthose.

(Taintrux, Remémont, Coinches.)

2° Porphyroïde. Avec cristaux de Feldspath orthose bien déterminés, et souvent maclés comme ceux du Granite développés dans la masse.

Substances accidentelles. Baryte sulfatée, Fer oligiste, Spath fluor.

(La Poirie commune de Dommartin, Base du Climont.)

ARGILOLITES DURCIS ET LITHOÏDES

Pâte argileuse compacte et plus ou moins homogène, siliceuse, à cassure conchoïdale ou esquilleuse, dure et tenace, renfermant quelquefois des parcelles de Mica et des grains de Quartz.

Teintes variées : blanc, jaunâtre, rose, violacé, brun, zôné et rubané.

(Au pied du Fény près Gérardmer, Champ près des Mortes commune de Dommartin.)

ARGYLOPHYRE

Pâte argileuse durcie, rougeâtre ou brunâtre, quelquefois blanchâtre, enveloppant des fragments de Porphyre feldspathique ou de Schistes, des grains de Quartz, du Mica, des cristaux de Feldspath plus ou moins altérés.

(Ober-Haslach, cascade du Niedeck, Brehimont.)

AMYGDALOÏDES

On confond sous cette désignation générique un certain nombre de roches, dont la nature et la composition sont très différentes, et qui ont seulement pour caractère commun d'être constituées par une sorte de pâte ou masse plus ou moins homogène, qui enveloppe des noyaux ou amandes de forme arrondie ou ovalaire, constitués par diverses substances minérales, et assez généralement par la chaux carbonatée, le Quartz, la Stéatite, etc. Nous en avons déjà mentionné une variété qui se rapporte aux Argilolites. Celles dont il est ici question et qui font partie du Terrain de transition métamorphique, s'observent dans deux conditions spéciales d'association et de gisement, savoir :

A) Comme roches subordonnées au groupe du Mélaphyre auquel elles se lient intimement et auquel elles passent par gradation insensible, en s'associant une proportion plus ou moins considérable des éléments constituants de cette roche, le Feldspath labrador et la Pyroxène augite.

B) Comme roche accidentelle dans le Terrain de Grauwacke métamorphique, lié au Porphyre brun, à la Syénite ou au Diorite.

A) Amygdaloïdes subordonnées au Mélaphyre.

Pâte ou masse grenue ou sublamelleuse, dont la composition et les caractères minéralogiques se rapprochent tantôt de ceux du Grès de Grauwacke, tantôt de ceux de la pâte du Mélaphyre, dure et surtout tenace, verdâtre, grisâtre ou noirâtre, renfermant souvent, outre les amandes ou noyaux, des lamelles et des cristaux distincts de Labrador et des cristaux de Pyroxène augite, quelquefois très volumineux (Bélonchamp), amandes ou noyaux de forme allongée, mais généralement peu régulière, quelquefois arrondie, composés de Chaux carbonatée cristalline blanche ou rose, souvent enveloppés de plusieurs couches superposées de diverses substances minérales, Chlorite verte ou ferrugineuse, Epidote, Quartz, etc. Indépendamment de ces substances associées dans un ordre régulier, on trouve souvent dans la roche quelques autres minéraux, notamment de la Pyrite magnétique, à laquelle est due sans doute l'action très prononcée exercée par certaines Amygdaloïdes sur l'aiguille aimantée. Les Amygdaloïdes sont souvent à l'état brècheux.

(Bélonchamp (Haute-Saône), environs de Faucogney aux Épines-Blanches, Vallée de Giromagny.

Spilites.

Dénomination spécifique appliquée à une variété particulière d'Amygdaloïdes associées au Mélaphyre et qui a pour caractères spéciaux :

Une pâte assez homogène, gris noirâtre ou noire, grenue ou sublamellaire, dont la composition se rapproche plus ou moins de celle de la pâte des Mélaphyres et qui enveloppe de petits noyaux sphéroïdaux de chaux carbonatée blanche, rose ou colorée en vert par la Chlorite. La masse est en outre traversée par de petites veines de chaux carbonatée, et, dans les variétés qui établissent le passage des Spilites au Mélaphyre ou qui peuvent être considérées comme des dégradations de cette dernière roche, elle renferme du Pyroxène en petites masses ou en grains vitreux et des lamelles ou des cristaux de Labrador. Ces variétés intermédiaires aux deux types sont quelquefois bréchiformes.

Le Spilite bréche renferme quelquefois des fragments de Porphyres, de Mélaphyres, de Pétrosilex empâtés dans sa masse, dans laquelle se sont d'ailleurs développés des cristaux de Labrador.

(Aux Épines-Blanches, environs de Faucogney (Haute-Saône), Bélonchamp, Séeven, Doleren (Haut-Rhin), environs de Servance (Haute-Saône), Le Puix (Haut-Rhin.)

B) Amygdaloïdes constituant des Roches accidentelles.

Qui sont probablement un résultat d'un métamorphisme particulier du grès de Grauwacke.

Pâte. Masse sublamellaire ou compacte et homogène, dure, tenace et résistante, brunâtre, plus rarement verdâtre, noyaux sphériques et pisiformes, composés de chaux carbonatée cristalline blanche, quelquefois rosée ou verdâtre.

Nodules sphéroïdaux d'Épidote vert jaunâtre cristalline et radiée, veine d'Épidote, Fer oxydulé, Fer sulfuré.

(Pont de Charité près Rothau, entre le Pont du Bas et Rothau.)

Cette roche est associée à une roche verdâtre dure, pesante, excessivement tenace, composée presque entièrement d'Épidote vert jaunâtre cristallisée et de Fer oxydulé grenu.

On peut rapprocher de l'Amygdaloïde épidotifère du Pont de Charité, la belle roche métamorphique nuancée avec veines et noyaux d'Epidote qui se trouve au-dessus du village d'Urbeis (Haut-Rhin.)

Masse grenue ou sublamellaire, dure et tenace, composée de deux parties de teintes différentes qui se fondent insensiblement l'une dans l'autre en formant une sorte de brèche à contours sinueux et indécis : l'une verdâtre, homogène, qui paraît constituer la masse principale de la roche, l'autre, noirâtre, parsemée de petits grains ou globules de chaux carbonatée blanche cristalline, coupée par des veines ramifiées, d'Epidote vert jaunâtre, et empâtant des noyaux arrondis de cette même substance, à structure cristalline fibreuse et radiée. On trouve en outre dans la roche de la Pyrite magnétique, du Fer oxydulé.

Brèches porphyriques.

Roches composées de fragments anguleux ou émoussés de Porphyres, de Pétrosilex ou de diverses espèces de roches, enveloppés et plus ou moins fondus dans une pâte feldspathique ou pétrosiliceuse, qui souvent renferme en outre des cristaux de Feldspath plus ou moins régulièrement développés.

Ces roches se confondent d'une part avec les Grauwackes métamorphiques porphyroïdes et bréchiformes, et d'autre part, avec les Porphyres feldspathiques, les Porphyres bruns et même avec les Mélaphyres. Elles offrent une série de variétés qui se rapprochent plus ou moins de l'un ou de l'autre de ces deux ordres de roches, et établissent un passage gradué entre les types de chacun d'eux.

On peut les rapporter à trois groupes principaux d'après la prédominance de l'un ou de l'autre de leurs éléments composants, savoir :

A) A base de Porphyre feldspathique. (Niedeck, Vallée du Hasel, Brehimont commune de Saint-Michel.)

B) A Base de Porphyre brun. (Bruneval, Fresse, La Combe aux Renards près le Magny, La Milandre, Plancher-les-Mines, Le Them près Servance.)

C) A base de Mélaphyre, se confond en partie avec les Spilites brèches.

B) ROCHES ÉRUPTIVES MODIFIÉES

Les roches d'origine éruptive qui ont subi un métamorphisme plus ou moins prononcé, ne sont pas précisément rares dans le système des Vosges, mais elles n'y constituent jamais de grandes masses. Elles ne s'y observent que sous forme d'accidents locaux, le plus souvent limités à une faible partie des masses dans lesquelles elles se rencontrent.

Elles sont souvent le résultat d'un métamorphisme de contact, et dans ce cas, la modification ne s'est guère produite que sur une épaisseur de quelques décimètres ou même de quelques centimètres, à partir de la surface de séparation de la roche éruptive et de la roche encaissante.

Cependant, dans certaines circonstances, dont les causes sont difficiles à apprécier, la modification de la roche éruptive s'étend beaucoup plus loin, et au lieu de rester limitée à une zône étroite au voisinage de la surface de contact, elle va se perdre insensiblement dans la masse. Ce fait s'observe pour certaines modifications du Granite (à Felleringen, au Bressoir, à Saint-Bresson; pour les Porphyres granitiques, au Saut-de-la-Cuve, à la Cascade du Bouchot, à la Côte de Sainte-Marie; pour les Porphyres quartzifères, au Ballon de Giromagny, dans la Vallée de La Bruche, aux environs de

Rothau, Fouday, etc.; pour les Minettes, au Buisson-Ardent, à Saint-Etienne, au Syndicat de Saint-Amé, à Rochesson, au Ballon, à Saint-Jean-d'Ormont, à La Minguette, etc.

Mais ces modifications ou ces transformations des roches éruptives ne donnent pas lieu à des composés qui présentent assez de similitude et de constance dans leur caractère minéralogique, pour qu'on puisse les considérer comme des espèces particulières ou même comme de véritables variétés. Ce sont des productions accidentelles auxquelles on ne peut assigner aucune dénomination spécifique, et qu'il faut simplement désigner par le nom de la roche éruptive normale dont elles dérivent, en y ajoutant l'indication du genre de modification que cette roche a subie. Cette espèce de détermination est donc tout à la fois particulière à chaque type de roche éruptive et à chaque localité, ou plutôt aux conditions spéciales dans lesquelles la modification s'est produite, et elle n'est susceptible d'aucune généralisation.

Ainsi, le Granite métamorphique de Felleringen passe à une sorte de pâte pétrosiliceuse gris bleuâtre, parsemée de lamelles de Mica brun. Celui du Col des Bagenelles est compact, verdâtre, et renferme de la Serpentine.

GROUPEMENT DES ROCHES

ET CONSTITUTION MINÉRALOGIQUE SPÉCIALE

DE CHAQUE TERRAIN OU FORMATION

Dans le chapitre qui précède, les roches des Vosges sont envisagées seulement au point de vue de leur nature et de leur composition minéralogique. Je vais maintenant déterminer la place occupée par chacune d'elles dans la constitution générale du système, c'est-à-dire leur groupement en *Terrains* ou *Formations.*

Chaque terrain est constitué par un ensemble souvent très complexe de roches liées entre elles par des affinités plus ou moins étroites de composition, d'origine, d'âge et de relations. Cet ensemble ou association comprend :

1° *Les Roches principales* ou *essentielles* qui forment la base du groupe dans lequel elles dominent par leur masse, leur étendue, par la constance de leurs caractères et l'uniformité de leur composition minéralogique. Par exemple, les Granites et les Syénites, les Schistes, les Grès, etc.

2° *Les Roches subordonnées,* liées aux premières par des relations de position et d'âge, par des affinités d'origine et de composition, et généralement contemporaines de celles-ci. Par exemple, le Calcaire lamellaire dans les Gneiss, la Dolomie dans le Grès rouge, etc.

3° *Les Roches enclavées* qui n'ont guère que des relations de position avec le terrain dans lequel elles se trouvent et dont elles ne font pas essentiellement partie. Ces roches sont généralement éruptives et d'un âge plus récent que l'ensemble du terrain. Par exemple, les Serpentines dans le Gneiss, la Minette dans le Granite, le Porphyre feldspathique dans le Grès rouge.

4° *Les Roches accidentelles*. Variétés le plus souvent locales et formées par la réunion d'éléments minéralogiques plus ou moins étrangers aux roches principales du groupe dont elles font partie. Exemples : l'Euphotide, la Pyroméride, le Grenat en roche.

5° *Les Filons* et les *Dépôts métallifères*, soit qu'ils appartiennent en propre au terrain qui les renferme et dont ils sont contemporains, soit qu'ils ne se trouvent qu'accidentellement dans ce terrain et qu'ils y aient été introduits par une sorte d'intrusion à une époque postérieure à son origine.

6° *Les Minéraux accidentels* disséminés dans certaines roches.

7° *Les Restes organisés fossiles*, qui appartiennent en propre à chaque terrain, dans les formations sédimentaires.

1° FORMATION CRISTALLINE

Constituée exclusivement par des *Roches agrégées*, cette grande formation se compose de deux parties distinctes, savoir :

A) Celle qui correspond au sol primordial et qui se compose de roches synchroniques, c'est-à-dire appartenant à une seule et même *époque*.

B) Celle qui peut être considérée comme constituant le véritable sol secondaire, et qui se compose de masses minérales sorties du sein de la terre à différentes époques, pendant la succession des grandes périodes géologiques.

Les roches qui forment le sol primordial présentent généralement une disposition stratiforme plus ou moins apparente. En outre, la présence du *Mica* qui s'y rencontre abondamment, leur communique une structure *schistoïde* plus ou moins prononcée. Dans le système des Vosges, le Gneiss avec toutes ses variétés minéralogiques étant le principal élément de ce groupe, nous désignerons tout l'ensemble sous le nom de *Terrain gneissique.*

La seconde partie de la formation cristalline se compose de roches massives, dépourvues de toute apparence de stratification, disposées en masses puissantes, plus ou moins divisées par des fractures verticales ou obliques; ou bien, constituant des dykes ou des filons intercalés dans ces masses elles-mêmes, ou injectés dans le terrain gneissique et jusque dans les formations les plus anciennes des terrains sédimentaires. L'origine éruptive étant le caractère le plus saillant et le plus général de cette classe de roches, nous comprenons l'ensemble qu'elles constituent sous le nom de *Terrain éruptif.*

Le terrain éruptif se compose de cinq groupes principaux dont chacun est représenté par un type minéralogique parfaitement déterminé, à la suite duquel viennent se placer toutes les variétés qui ne sont que des dérivations ou des dégradations de ce type, et toutes les espèces de roches qui s'y rattachent d'une manière plus ou moins directe par leurs caractères essentiels et par leur constitution minéralogique. Ces cinq groupes sont, dans l'ordre de leur importance relative :

1° *Le groupe Granitique;*
2° *Le groupe Syénitique;*
3° *Le groupe Dioritique;*
4° *Le groupe Porphyrique;*
5° *Le groupe Serpentineux.*

Les trois premiers groupes, liés intimement l'un à l'autre par leur constitution minéralogique et par leurs rapports géologiques, forment un ensemble qui représente sur presque tous les points du système des Vosges la partie dominante et la plus importante du terrain éruptif.

Le quatrième, composé de roches moins généralement répandues, se rattache par quelques points aux Syénites et aux Diorites, mais il présente surtout de nombreuses et importantes relations avec le terrain de transition dans lequel il se trouve en quelque sorte enchevêtré, et dont le plus souvent il est fort difficile de le séparer, même sous le rapport des caractères et de la composition minéralogique des roches qui le constituent.

Quant au groupe Serpentineux, il est beaucoup moins important que les autres : limité à quelques localités, dépourvu de toutes liaisons géologiques avec les terrains au milieu desquels il se trouve, il est en outre composé de roches dont les caractères minéralogiques et la composition diffèrent complètement de ceux de toutes les autres roches du terrain éruptif.

I. TERRAIN GNEISSIQUE

Théoriquement le terrain gneissique se compose de trois espèces principales de roches :

1° *Le Micaschiste* ;

2° *Le Gneiss* ;

3° *Le Granite commun.*

Mais dans le système des Vosges, le Micaschiste proprement dit n'existe point. La plupart des roches que l'on considère généralement comme appartenant à cette espèce, ne sont que des variétés de Gneiss, auxquelles une grande prédominance du Mica et une disposition particulière de ce minéral, suivant des plans parallèles, communique une structure *schistoïde* plus ou moins prononcée.

D'autre part, quand les trois éléments constituants du Gneiss sont régulièrement répartis et normalement développés, la roche passe au *Granite commun*, et il est difficile d'établir une ligne de démarcation précise entre ces deux espèces, tant au point de vue minéralogique que sous le rapport géologique.

Entre les deux modalités extrêmes que nous venons d'indiquer, il existe une série presque indéfinie de *variétés minéralogiques* du Gneiss, dont la distinction est presque uniquement fondée sur la présence ou l'absence, sur les proportions relatives et même sur la disposition particulière de l'élément *Mica*. On a élevé au rang d'Espèces quelques-unes de ces variétés sous les noms de *Leptynite, Leptynite gneissique*. La première, qui contient d'ailleurs peu ou point de Quartz, est plus ou moins complètement dépourvue de Mica; c'est du Feldspath orthose presque pur, à l'état lamelleux ou grenu.

La seconde est caractérisée par une disposition particulière du Mica en séries linéaires, en plaques assez régulièrement circonscrites, ou en petits groupes disséminés dans la masse.

Pour juger de l'importance de ces distinctions, il suffit de constater qu'on peut trouver plusieurs des variétés du Gneiss dans un seul et même bloc de quelques mètres cubes. Cependant on peut établir d'une manière générale, que telle ou telle variété s'observe avec une certaine uniformité de composition et une certaine constance de caractères sur une surface plus ou moins étendue, et devient le type dominant de toute une localité, sinon d'une contrée entière. (Le Tholy, Saint-Étienne, Ranfaing, Tendon, Arrentès.) Mais quoiqu'il en soit, le type minéralogique dans lequel viennent se confondre et se résumer toutes les variétés locales et accidentelles de cette forme du Gneiss, est un véritable *Granite* à grains fins, dans lequel domine l'élément feldspathique, exclusivement représenté par l'Orthose, et qui a pour caractère spécial de renfermer deux espèces de Mica, dont l'un, de couleur claire, blanc ou rosé est à base de potasse, et l'autre, de couleur foncée, brune, noire ou verdâtre, est ferro-magnésien. Ce Granite établit un passage assez naturel entre le terrain gneissique et le groupe granitique du terrain éruptif, dont une variété, le Granite commun, ne diffère point de celui-ci sous le rapport minéralogique.

Les *Roches subordonnées* au Gneiss sont :

1° Des *Phtanites graphiteux* et des *Schistes quartzeux*, les uns et les autres fort peu développés, et ne constituant guère que des accidents locaux sans importance par rapport à l'ensemble du terrain.

2° Des *Calcaires lamellaires* disposés en massifs lenticulaires isolés et répartis sur le trajet d'une ligne de quelques kilomètres de longueur qui, partant de La Croix-aux-Mines, traverse obliquement la ligne de faîte de la chaîne et vient se terminer au sud de Sainte-Marie ; ces calcaires sont blancs, franchement cristallins et composés de chaux carbonatée à peu près pure. Celui du Chipal surtout, est remarquable par sa blancheur, sa pureté et par sa texture largement lamellaire. Celui de Laveline a une texture plus confuse et une teinte légèrement bleuâtre ; il est d'ailleurs beaucoup moins pur.

Ces calcaires sont accompagnés de substances minérales nombreuses et variées, dont les unes sont engagées ou disséminées dans la masse même de la roche, tandis que les autres lui sont seulement associées. Ces dernières se trouvent surtout concentrées vers la surface de séparation du calcaire et de la roche encaissante, où elles forment une sorte de zône intermédiaire aux deux roches ou même une véritable salbande, comme au Chipal.

On les observe souvent aussi tout à la fois dans le Gneiss et dans le Calcaire, notamment au Saint-Philippe près Sainte-Marie-aux-Mines, où elles sont généralement associées et groupées en espèces de rayons, dont la composition et la disposition sont assez régulières, et qui forment des espèces de traînées discontinues, parallèles à la schistosité du Gneiss. Dans la masse même du Gneiss, ces minéraux se retrouvent pour la plupart engagés dans des filons feldspathiques qui se ramifient dans la roche.

Parmi les substances minérales engagées ou disséminées dans le calcaire, nous mentionnerons plus particulièrement à cause de leur importance relative : 1° un hydrosilicate d'alumine et de magnésie, de couleur vert clair, vert olive ou quelquefois blanchâtre, dont les caractères se rapprochent beaucoup de ceux de la Serpentine noble ou de la pierre ollaire, mais qui a été rapporté par M. Delesse à la Pyrosclérite; 2° un Mica de couleur verdâtre ou plus souvent jaune d'or, jaune orange ou cuivré, à base de magnésie, désigné sous le nom de Phlogopite; 3° le Pyroxène sahlite ou Malacolite en cristaux vert olive, quelquefois assez volumineux et nettement déterminés. Il est assez remarquable que ces substances, riches en magnésie, soient associées à un calcaire pur et complètement exempt de cette base, tandis qu'on ne les trouve point dans la Dolomie lamellaire encaissée dans le même Gneiss que le calcaire, sur un point très rapproché de la carrière du Chipal.

Au Saint-Philippe, le Mica jaune cuivré et l'hydrosilicate magnésien vert d'asperge sont quelquefois mélangés en proportion assez considérable au calcaire lamellaire et répartis avec une certaine uniformité dans sa masse. Dans le premier cas, la roche prend le nom de Marbre *Cipolin*, et dans le second, celui d'*Ophicalce*. Indépendamment de ces substances minérales, le calcaire du Saint-Philippe renferme encore des lamelles de Graphite, de la Pyrite magnétique et de la Pyrite commune, quelquefois cristallisées en petits cubes triglyphes, du Spinelle bleuâtre en cristaux octaèdres et de beaux cristaux de Sphène brun. Toutefois, ce dernier minéral est beaucoup plus commun dans la Pyrosclérite et dans les rognons qui accompagnent le calcaire que dans le calcaire même. Ces rognons sont composés de Feldspath orthose et oligoclase, de Pyrosclérite, de Mica, de Pyroxène et de Sphène. Ils renferment souvent de l'Amphibole actinote, quelquefois du Spinelle, de l'Asbeste, de la Pyrite magnétique, du Graphite, etc.

La plupart de ces minéraux se retrouvent dans de petits filons feldspathiques irréguliers et mal limités, qui se ramifient dans le Gneiss encaissant. Celui-ci renferme en outre des masses lamellaires d'une variété particulière d'Amphibole, dont les caractères extérieurs sont tout à fait analogues à ceux de la Bronzite ou de l'Hypersthène et du Grenat rouge foncé, en masses cristallines laminaires ou en grands cristaux trapézoèdres.

3° Des *Dolomies*, qui toutefois n'ont été observées jusqu'ici que dans une seule localité, au-dessus du village de Mandray, sur le versant gauche de la vallée.

Le Calcaire magnésien encaissé dans le Gneiss diffère sous plusieurs rapports des Calcaires subordonnés à ce même terrain. D'abord sa structure d'agrégation est très variable et tout à fait irrégulière. Dans certaines parties, notamment au centre des blocs, il est franchement lamellaire et cristallin comme les Calcaires du Chipal et du Saint-Philippe, dont il ne se distingue guère, quant aux caractères extérieurs, que par une teinte légèrement jaunâtre, rosée ou bleuâtre et un éclat faiblement perlé. Dans d'autres parties, il devient sub-lamellaire, grenu, compact ou même bréchiforme, et toutes ces variétés de texture peuvent s'observer sur un même bloc de quelques décimètres cubes. Souvent aussi il est cellu-leux ou carié et creusé d'anfractuosités simples ou cloison-nées, dont les parois sont tapissées de petits cristaux rhom-boïdriques, quelquefois nets et réguliers, plus généralement contournés et oblitérés, recouverts d'un enduit jaunâtre, bronzé ou brunâtre. Ces druses sont quelquefois accompa-gnées de Fer spathique, de Manganèse hydraté, de Cuivre py-riteux et carbonaté vert. Quelques cavités plus spacieuses renferment des concrétions mamelonnées ou stalactiformes, à structure fibreuse et radiée.

On trouve aussi dans ces mêmes parties de la roche du Cuivre pyriteux et de la Phillipsite en petites veines et en nodules accompagnés de Cuivre carbonaté vert, de la Baryte sulfatée laminaire blanche; une espèce de lithomarge blanc jaunâtre, avec enduit ou arborisations dendritiques d'hydrate de Manganèse; des veines ou plutôt de petites couches de Quartz calcédonieux jaunâtre ou grisâtre, alternant avec des couches de Dolomie compacte; des plaques ou des espèces de rognons aplatis, composés de Feldspath orthose rosé la-melleux, mélangé de quelques grains de Quartz et enveloppé d'une couche plus ou moins épaisse de Kaolin blanc, prove-nant, selon toute apparence, de la décomposition d'une par-tie de ce même Feldspath.

La Dolomie de Mandray a aussi une structure d'assem-blage qui diffère complètement de celles des Calcaires du Chipal, de Laveline ou du Saint-Philippe. Elle n'est point massive comme ces derniers, et il serait impossible d'en tirer un bloc de quelques décimètres cubes exempt de joints ou de fissures. Il est même assez difficile d'en obtenir un simple échantillon à cassures fraîches pour collections. Les nombreuses fissures qui traversent la masse dans tous les sens, la divisent en fragments irréguliers, dont les surfaces sont recouvertes d'un enduit jaunâtre, et souvent parcourues par des arborisations de Manganèse hydraté.

La roche offre dans son ensemble des nuances très variées. La teinte dominante est le blanc sale ou jaunâtre avec un faible éclat perlé; mais on observe aussi des teintes roses, grisâtres et bleuâtres. Des veines minces, d'un brun rose, simples ou ramifiées, s'observent principalement dans les parties de la roche où la cristallisation s'est le mieux développée.

4° Des *Roches de Quartz* en massifs ou en filons.

Ces roches qui se trouvent aussi dans le terrain granitique sont en général constituées par du Quartz commun, blanc laiteux et opaque, souvent veiné de rose, de brun ou de verdâtre.

Elles sont divisées en blocs irréguliers par des joints qui les traversent dans toutes les directions, et dont les surfaces sont recouvertes d'un enduit jaunâtre, rouge ou brunâtre. Les fentes ou anfractuosités sont quelquefois revêtues de cristaux prismatiques ou pyramidaux plus ou moins volumineux, généralement opaques comme la masse, plus rarement hyalins, excepté quand ils sont de petites dimensions.

Dans quelques localités, notamment entre Fouchifol et La Croix-aux-Mines, la masse quartzeuse renferme de longs faisceaux divergents, formés de prismes cannelés et striés de Tourmaline noire, dont la continuité est souvent interrompue par des fractures transversales qui les ont divisés en un certain nombre de tronçons. Ces tronçons, séparés les uns des autres et souvent déviés de la ligne de direction du faisceau dont ils font partie, laissent entre eux des intervalles plus ou moins larges qui sont occupés par du Quartz. Cette curieuse particularité indique que la roche quartzeuse n'était point encore solidifiée à l'époque où les prismes de Tourmaline, déjà complètement développés et réunis en faisceaux, se sont fracturés par l'effet d'une cause quelconque. La Tourmaline est quelquefois accompagnée d'Orthose laminaire blanc ou rosé, et de Mica ou de Talc. La roche peut être alors considérée comme une variété de Pegmatite à très grands éléments.

Les roches enclavées dans le Gneiss sont, pour la plupart de nature éruptive et postérieures à ce terrain. Les principales sont :

1° Des *Serpentines*, qui s'observent sur une plus grande étendue que les Calcaires et qui offrent quelque variation dans leurs caractères selon les localités.

Constituées par une pâte plus ou moins homogène, elles renferment et s'associent des minéraux assez nombreux qui sont pour la plupart spéciaux à ce genre de roches, et dont les principaux sont la Serpentine noble et le Chrysotil, le Grenat magnésien, la Diallage et la Chlorite, le Fer chromé, etc.

Nous reviendrons avec plus de détails sur ces roches, à l'article qui leur est spécialement consacré.

2° Des *Roches éruptives* à base *feldspathique*, dont la plupart sont communes au terrain gneissique et au groupe granitique, et parmi lesquelles nous mentionnerons :

A) Les Pegmatites, dont certaines variétés sont désignées sous les noms particuliers de *Granite graphique* et d'*Hyalomicle*.

La Pegmatite commune et normale peut être considérée minéralogiquement comme un *Granite* à grands éléments et largement cristallisé. Il se compose en effet de Quartz hyalin, de Feldspath orthose et de Mica blanc argentin.

Le Quartz qui constitue en général l'élément dominant de la roche, est ordinairement vitreux, quelquefois cristallisé. Dans ce cas, lorsque les cristaux sont orientés suivant une direction déterminée et symétrique, la Pygmatite prend le nom de *Granite graphique*.

Le Feldspath orthose, blanc laiteux, rose ou rouge de corail est en masse laminaires ou en cristaux très largement développés. Ces cristaux sont toujours simples, c'est-à-dire qu'ils ne présentent jamais la Macle par hémétropie, qui s'observe à peu près constamment dans les cristaux d'Orthose des Granites porphyroïdes, des Syénites, des Porphyres granitiques et quartzifères.

Le Mica est blanc argentin, quelquefois rosé. L'altération ternit son éclat et lui fait prendre une teinte brunâtre. Il forme quelquefois de longues bandes à bords parallèles, comme au Phaunoux près Sainte-Marie, plus souvent de larges lames dont les contours offrent des indices plus ou moins prononcés de la forme hexagonale. Dans quelques localités, le Mica devient assez abondant pour paraître dominer dans la roche. Celle-ci est alors désignée sous le nom d'*Hyalomicte* (Haie-Griselle.)

La Tourmaline noire s'associe généralement aux trois éléments que nous venons d'indiquer, et la présence de ce minéral dans la Pegmatite est tellement constante qu'on peut le considérer comme un des composants normaux de la roche. Le plus souvent elle est en cristaux oblitérés, prismatoïdes, cannelés ou striés, simples ou réunis en faisceaux et rarement pourvus de leur pointement terminal. Cependant, dans la Pegmatite du Phaunoux près Sainte-Marie-aux-Mines, on l'observe en prismes réguliers à douze pans, généralement gros et courts, et terminés à chacune de leurs extrémités par un pointement rhomboèdrique dissimétrique.

La Pegmatite forme des filons de peu d'étendue et généralement peu puissants dans le Gneiss et dans le Granite.

B) Les *Porphyres granitiques*, désignés aussi sous les noms d'*Eurites porphyroïdes* et *Eurites granitoïdes*.

La composition minéralogique de ces roches est tout à fait la même que celle du Granite ; seulement il n'y a qu'une partie plus ou moins considérable de leurs éléments composants qui s'est séparée de la masse et isolée à l'état de cristaux régulièrement développés. Le surplus est resté à l'état de Magma confus et constitue une sorte de pâte plus ou moins adélogène qui enveloppe les cristaux ou les substances minérales qui s'en sont séparées. Il est remarquable que les cristaux de Feldspath et surtout ceux d'Orthose sont beaucoup plus nets et plus régulièrement développés dans ces roches, que dans les Granites proprement dits. C'est sur les tranches fraiches des blocs de Porphyres granitiques que l'on peut admirer ces belles coupes de cristaux maclés d'Orthose, dont les contours géométriques sont si remarquables par la netteté des angles et la correction des lignes. C'est aussi sur ces coupes que l'on peut observer, avec la plus grande facilité, la disposition des clivages de l'Orthose et celle du plan d'hémétropie des cristaux maclés.

Indépendamment des cristaux d'Orthose, les Porphyres granitiques renferment généralement des cristaux moins nombreux d'un Feldspath appartenant au sixième type cristallin, que l'on reconnaît à leur forme indécise, à leur cassure céroïde, à leur teinte verdâtre, et surtout aux stries caractéristiques que présente leur clivage principal, et qui sont les traces des plans d'hémitropie des lames dont se compose chaque cristal.

On trouve encore dans les Porphyres granitiques des lames hexagonales de Mica brun, et assez fréquemment des cristaux d'Amphibole, de Tourmaline, de l'Epidote et de la Pinite.

La proportion des cristaux de Feldspath orthose et des autres minéraux qui se sont séparés de la masse est très variable. Ces cristaux sont nombreux dans les variétés désignées sous le nom d'*Eurites porphyroïdes*, et dont on trouve de si magnifiques spécimens dans les environs de Rochesson : à Aurimont, à Couchetat; dans les environs de Gérardmer : à Cucoinin, à Longemer, etc.

Dans d'autres variétés, ils deviennent beaucoup plus rares (La Croix-aux-Mines, Wisembach, etc.), et quand ils disparaissent à peu près complètement, la roche est désignée sous le nom d'*Eurite granitoïde*. Mais, en réalité, elle ne diffère alors du Porphyre granitique proprement dit, et même du Granite régulièrement développé, que sous le rapport de son état cristallin, et l'on peut s'assurer en examinant à l'aide de la loupe les variétés les plus rapprochées de l'état adélogène, qu'elles sont composées des mêmes éléments minéralogiques que le Granite.

Toutes ces roches éruptives forment des dykes ou des filons dont la puissance varie de quelques décimètres à quelques mètres.

Leur direction est très variable, et leur pendage, généralement très relevé, se rapproche souvent de la ligne verticale.

D'autres espèces de roches éruptives, qui appartiennent plus spécialement aux groupes granitique et dioritique, se trouvent encore en filons dans le terrain gneissique. Telles sont les Minettes, les Eurites compactes et micacées, les Amphibolites et Diorites schistoïdes, etc. Nous en ferons mention plus détaillée aux articles qui concernent ces différents groupes.

Les espèces minérales qui entrent comme principes constituants essentiels dans la composition des roches principales du terrain gneissique sont : le Quartz, l'Orthose, le Mica, le Talc, la Serpentine, la Chaux carbonatée et la Dolomie.

Les espèces qui se trouvent accessoirement dans les roches normales, et celles qui, par leurs proportions, par leur agglomération ou par leur association accidentelle, constituent des variétés ou des types locaux de roches, sont : les Feldspaths anorthoses, la Tourmaline, le Grenat, la Pinite, l'Amphibole, le Pyroxène sahlite et malacolite, le Sphène, le Graphite, la Pyrite commune et la Pyrite magnétique, le Fer chromé.

Le terrain gneissique renferme en outre de riches filons métallifères qui, à diverses époques, ont donné lieu à des exploitations productives. Les plus renommés sont ceux de Sainte-Marie-aux-Mines et de La Croix, mais il en existe aussi sur beaucoup d'autres points, à Lusse, à Lubine, etc.

Les substances minérales renfermées dans ces filons sont les suivantes, classées par genre et par localité :

Argent. L'Argent natif, l'Argent sulfuré (Sainte-Marie, La Croix), l'Argent rouge antimonifère et arsénifère, l'Argent chloruré (Sainte-Marie).

Cuivre. Le Cuivre pyriteux, le Cuivre gris argentifère et arsénifère (Sainte-Marie), le Cuivre carbonaté malachite et azurite, le Cuivre arséniaté (Sainte-Marie).

Plomb. Le Plomb sulfuré argentifère (Sainte-Marie, La Croix, Lusse), le Plomb carbonaté blanc et noir, le Plomb sulfaté, le Plomb phosphaté et arséniaté (La Croix).

Zinc. Le Zinc sulfuré (Lusse, Sainte-Marie, La Croix).

Cobalt. Le Cobalt arsenical et arséniaté (Sainte-Marie).

Nickel. Le Nickel arsénical et arséniaté (Sainte-Marie).

Arsenic. L'Arsenic natif, le Réalgar (Sainte-Marie).

Fer. Le Fer sulfuré (Sainte-Marie, La Croix), le Fer arsenical (Sainte-Marie), le Fer oligiste, le Fer oxydé brun, le Fer spathique (La Croix, Sainte-Marie).

Manganèse. Pyrolusite. (Wisembach), Braunite (Sainte-Marie).

Chaux. La Chaux carbonatée cristallisée (Sainte-Marie, La Croix), l'Arragonite (Sainte-Marie), la Dolomie cristallisée (Sainte-Marie, La Croix), la Chaux fluatée, la Chaux arséniatée (Sainte-Marie).

Baryte. La Baryte sulfatée (Sainte-Marie, La Croix, Lusse).

Quartz. Le Quartz hyalin (Sainte-Marie, Lusse).

Les gangues principales de ces filons sont le Quartz, la Chaux carbonatée, le Fer hématite brun, plus rarement le Spath fluor (à Sainte-Marie).

La Baryte sulfatée, le Quartz, à Lusse.

A La Croix-aux-Mines, la gangue du filon est constituée par une sorte de conglomérat pétrosiliceux et bréchiforme, composée de fragments de roches réunis et cimentés par une pâte feldspathique.

II. TERRAIN ÉRUPTIF

A) GROUPE GRANITIQUE

Les roches qui appartiennent au groupe Granitique constituent avec celles du groupe Syénitique, la partie principale des grands massifs qui contiennent les lignes de faite et forment le relief principal de la chaîne des Vosges.

Les types les plus importants, ceux qui font la base de ce groupe, sont :

1° Le *Granite commun,* caractérisé par sa texture cristalline uniforme et régulière, et dans lequel l'élément feldspathique est uniquement constitué par l'*Orthose.* En outre, ce Granite contient assez généralement deux espèces de Mica, différentes par leur composition et leurs propriétés, et qu'il est facile de distinguer à leur couleur, savoir : le *Mica clair* et le *Mica foncé*. Sa cristallisation toujours distincte est plus ou moins développée selon les localités. Ses dégradations et ses variétés à grains fins se confondent même avec le Gneiss et le Leptynite.

Le Feldspath est généralement l'élément dominant, il est blanc de lait ou rosé. Le Quartz, assez peu apparent ou même difficile à distinguer, est en grains vitreux.

Le Mica brun ou noirâtre, toujours plus abondant que le Mica clair, est lui-même en proportion variable dans la masse, et détermine, avec le Feldspath, la teinte générale de la roche.

C'est à cette espèce de Granite qu'il faut rapporter une variété qu'on a quelquefois désignée sous le nom de *Pegmatite*, et qui ne diffère du Granite ordinaire que par l'abondance du Quartz et l'absence du Mica. C'est un Granite à gros grains, de couleur rosâtre ou jaunâtre, qui est utilisé pour la fabrication des meules de moulin (Raon-l'Etape, Saint-Blaise), mais qui diffère de la véritable Pegmatite en filons, dont nous avons déjà parlé.

2° Le *Granite porphyroïde*. Il diffère du précédent, tant sous le rapport minéralogique que sous le rapport géologique.

Sa cristallisation est plus inégale, moins uniforme, mais plus largement développée. Il contient moins de Quartz que le Granite commun, mais il renferme deux espèces de *Feldspath* et une seule espèce de *Mica*.

L'*Orthose* est généralement en grands cristaux maclés blanc de lait, rosés, rouge de corail, ou plus rarement jaunâtres. On le reconnaît facilement à sa forme, à ses deux clivages rectangulaires et également éclatants, aux caractères particuliers de sa macle. Il est, du reste, beaucoup plus abondant dans la roche dont il constitue l'élément dominant.

Le deuxième *Feldspath* appartient, comme l'Albite, au sixième type cristallin. Cependant, sa teneur en silice est plus faible que celle de l'Albite. M. Delesse le rapproche de l'*Andésite*. Il est en lamelles ou en cristaux mal terminés. Sa couleur est le blanc verdâtre avec un éclat gras ou céroïde. Assez souvent il est rubéfié. Sur son clivage principal qui est généralement très net, on observe souvent des stries fines et parallèles qui sont les traces des plans de jonction des lames hémitropes dont se composent les cristaux.

Le *Mica* appartient exclusivement à l'espèce désignée sous le nom de Mica foncé, c'est-à-dire *ferro-magnésien*. Il est noir, brun, quelquefois verdâtre. Ses lamelles plus ou moins larges sont en général irrégulières, et n'affectent que très rarement la forme hexagonale qui s'observe communément dans le Mica des Syénites et dans celui de quelques Porphyres.

Le Granite porphyroïde renferme souvent aussi de l'*Amphibole*, mais ce minéral s'y montre avec des caractères assez différents de ceux de l'Amphibole des véritables Syénites. Il est en longs prismes aplatis, souvent terminés à leurs deux extrémités. Sa couleur est noirâtre ou vert foncé, quelquefois cependant vert olive, comme dans le Granite de la Côte de Sainte-Marie. Sa texture est fibro-lamellaire. Je distinguerai cette variété de Granite sous le nom de *Granite amphiboleux*, car pour moi, il ne constitue ni une Syénite, ni un véritable Granite syénitique.

Dans quelques localités, comme au Brézoir, au Valtin, etc., le Mica du Granite porphyroïde prend une teinte verte plus ou moins prononcée, en même temps que son élasticité se trouve sensiblement diminuée. Ses caractères se rapprochent alors beaucoup de ceux de la *Chlorite*, qui d'ailleurs l'accompagnent assez fréquemment. On rencontre aussi sur quelques points limités, comme au Tholy, au Col du Bonhomme, des Granites dans lesquels l'élément micacé est plus ou moins complètement remplacé par une substance *talqueuse*, tendre et verdâtre. Ces variétés ont été désignées sous le nom de *Protogynes*, mais en réalité, les roches qui revêtent ces caractères ne sont que des variétés minéralogiques du Granite, particulières à une contrée plus ou moins étendue, ou même à quelques localités, dans lesquelles elles ne constituent que des accidents sans importance. Si on peut, jusqu'à un certain point, les assimiler minéralogiquement aux véritables *Protogynes*, on ne peut cependant les confondre avec celles-ci sous le rapport géologique, ni même sous celui de la nature de leurs éléments constituants essentiels.

Le Granite porphyroïde ne diffère pas seulement du Granite commun par sa composition et ses caractères minéralogiques, il s'en distingue aussi par l'ensemble de ses caractères géologiques. Son origine éruptive est beaucoup plus accentuée. Il forme des massifs imposants et continus, dont le relief s'élève généralement de beaucoup au-dessus des masses constituées par le Granite commun, et il s'est fait jour à travers celui-ci, dans lequel on le voit pénétrer sous forme de filons, de pointements ou d'enclaves. Cette dernière circonstance établit d'une manière manifeste que le Granite porphyroïde est plus récent que le Granite commun.

Les roches dont nous allons maintenant indiquer les caractères, ne s'observent pas en grandes masses comme les Granites, auxquelles elles se lient d'une manière plus ou moins étroite, soit par leur composition, soit seulement par leurs relations. Elles forment des dykes ou de petits massifs isolés, et plus souvent des filons qui traversent le terrain granitique dans toutes les directions.

Les principales espèces sont :

3° Les *Porphyres granitiques* dont nous avons résumé les caractères à l'article du terrain gneissique.

4ᵇ Les *Porphyres quartzifères*. Ces roches peuvent, jusqu'à un certain point, être considérées comme des Granites incomplètement cristallisés et dont une partie de la masse est restée à l'état adélogène. Toutefois, ils diffèrent des Porphyres granitiques dont nous venons de parler : 1° en ce qu'ils renferment beaucoup plus de Quartz et beaucoup moins de Mica; 2° en ce que les Feldspaths du sixième type cristallin s'y observent plus rarement; 3° et enfin, en ce que leur pâte, abstraction faite des cristaux, est plus exclusivement feldspathique ou pétrosiliceuse et plus franchement adélogène.

Ils n'ont guère que deux éléments essentiels, le *Quartz* et l'*Orthose*. Le premier est souvent cristallisé en dirhomboèdres ou dodécaèdres bipyramidaux, ou bien il est en grains hyalins ou grisâtres. Les cristaux réguliers s'observent plus spécialement dans les variétés à pâte homogène et pétrosiliceuse.

L'*Orthose* est en cristaux maclés comme ceux des Granites, quelquefois très développés. Souvent aussi il est en lames minces, plus ou moins distinctes de la pâte. Ils sont blancs, roses ou rouges.

La pâte, plus ou moins abondante est rose, rouge, brune, quelquefois grisâtre ou même tout à fait blanche.

Indépendamment du Quartz et de l'Orthose, elle renferme assez souvent du *Mica*, de couleur foncée, en lamelles hexagonales, plus rarement de l'*Amphibole* et de la *Chlorite*, quelquefois de la Pinite, en prismes volumineux et régulièrement développés. Dans certaines variétés, la proportion du Quartz diminue sensiblement et peut même se réduire à de rares petits grains disséminés dans la pâte, qui elle-même

devient plus abondante, plus homogène ou tout à fait pétrosiliceuse. En même temps les cristaux d'Orthose se réduisent
à de simples lames aplaties qui se distinguent à peine de la
pâte. La roche passe alors par degrés au *Porphyre feldspathique* ou *pétrosiliceux*. Dans d'autres variétés où la cristallisation s'est développée plus largement, la pâte est peu abondante, mais les cristaux d'Orthose et ceux de Quartz sont au
contraire plus nombreux et plus volumineux. Il y a en outre
quelques cristaux d'un deuxième Feldspath, du Mica brun et
souvent de la Pinite vert pistache. Ces roches, par leurs
caractères et leur composition, se rapprochent beaucoup du
Granite porphyroïde.

5° Les *Eurites compactes.* Ces roches, quoique très répandues et très variées, sont cependant beaucoup moins nombreuses qu'on ne le croyait autrefois. Les anciens géologues,
en effet, confondaient avec les véritables Eurites, qui font
partie du terrain éruptif, la plupart des roches métamorphiques, qui appartiennent au terrain de transition, et notamment toutes les Grauwackes feldspathisées, pétrosiliceuses
et porphyroïdes.

Aujourd'hui on applique seulement cette désignation à des
roches éruptives, pour la plupart à base feldspathique, variables quant à leurs caractères et à leur constitution minéralogiques, et qui, généralement, ne paraissent être que des dégradations extrêmes des types *granitiques* et *porphyriques*,
dans lesquels la cristallisation ne se serait point développée.
Ils consistent le plus souvent en une masse plus ou moins homogène, qui, tantôt est du Feldspath presque pur, à l'état
grenu ou pétrosiliceux, tantôt un mélange intime de Feldspath avec une proportion variable de Quartz, de Mica, d'Amphibole ou d'un silicate ferrugineux, qui donne à la roche
ses diversités d'aspect et de coloration.

Les variétés purement feldspathiques passent au *Pétro-silex* lorsqu'elles sont complètement adélogènes, et au *Porphyre feldspathique* ou *quartzifère*, quand quelques cristaux d'Orthose ou quelques grains de Quartz se sont séparés de la pâte, telles sont certaines variétés qu'on rencontre au Pont de Lette, commune de Rupt.

Certaines variétés mélangées ou hétérogènes se confondent avec les Eurites granitoïdes, dont elles ne diffèrent, en effet, que par une plus grande ténuité de leurs éléments consti-tuants, et elles passent par degrés au *Porphyre granitique* quand il s'y est développé des cristaux distincts d'Orthose et de Mica. (Roche des Ducs et Grand Xart à Rochesson ; entre Thiéfosse et Zinvillers, etc.)

Dans d'autres variétés, l'élément Mica devient apparent et se développe dans une certaine proportion. La roche prend alors le nom d'*Eurite micacé*, et établit un passage entre les Eurites et les Minettes. Elles ne diffèrent, en effet, de ces dernières, qu'en ce que son élément feldspathique, plus abon-dant et plus homogène, forme une sorte de pâte qui enve-loppe les lamelles de Mica. (Traits de Roches, Queue de l'Etang, commune de Saint-Etienne.)

Les Eurites compactes sont généralement des roches mas-sives ; cependant, dans quelques localités, ils présentent une disposition stratiforme ou plutôt une structure schistoïde plus ou moins régulière. (Pont de Lette, commune de Rupt, Fougerolles le Château, Côte de Sainte-Marie.)

6° Les *Minettes*. Ces roches éruptives, très répandues dans le système des Vosges, n'appartiennent point exclusivement au groupe granitique, ni même aux terrains cristallins. On les trouve aussi dans les terrains de transition, où elles revêtent toutefois des caractères particuliers.

Elles ne s'observent qu'à l'état de filons enclavés dans les massifs ou injectés dans les roches mêmes qu'elles ont pénétrées. Dans ce dernier cas, l'épaisseur des filons peut se réduire à quelques décimètres ou même à quelques centimètres et présenter l'aspect de veines simples ou ramifiées qui parcourent la roche encaissante. Cette circonstance donne lieu de supposer que la pâte ou la masse des Minettes avait une grande fluidité à l'époque de l'émission de ces roches.

Les Minettes se composent de deux éléments essentiels, le *Feldspath orthose* et un *Mica* de couleur foncée, brun ou noir, ferro-magnésien.

Le *Feldspath* est ordinairement en lamelles cristallines entrecroisées, de couleur rougeâtre ou violacée, qui le plus souvent se confondent avec la pâte feldspathique de la roche qui offre les mêmes nuances ; quelquefois il est en cristaux bien développés et maclés, rouge de chair, à clivage net et éclatant, qui donnent à la Minette une apparence porphyroïde. (Vallée de Natzwiller au Ban de la Roche, Bipierre, Voite Basse près Framont, Buisson Ardent et Pont des Fées près Remiremont.)

Mais en général, le Feldspath se distingue assez difficilement, et il faut souvent un examen attentif avec le secours de la loupe pour constater sa présence dans la masse de la roche dont il est cependant le principal élément.

Dans certaines Minettes, l'élément feldspathique est uniquement constitué par une sorte de *pâte* brun rougeâtre, plus ou moins homogène, dont la composition ne paraît pas différer sensiblement de celles des lamelles cristallines, avec lesquelles elle se confond d'ailleurs dans la plupart des variétés.

Lorsque cette pâte feldspathique est très abondante, tandis qu'au contraire le Mica est rare et très atténué, la Minette passe à l'Eurite micacé. Quelques variétés maculées de taches verdâtres, sont désignées sous le nom d'*Eurite tigré*. Ces taches vertes sont dues à la présence de petites paillettes de Chlorite et de terre verte qui remplissent de petites cellules dans lesquelles se trouve aussi de la Chaux carbonatée. (Ranfaing, Le Tholy, Plancher-les-Mines.)

Le Mica des Minettes est noirâtre, brun de tombac, bronzé, plus rarement verdâtre. Dans certaines variétés il est en lames très développées, de forme assez régulièrement hexagonale. (Moulin de Frabois près le Ban-de-Sapt, Roches Margot près Senones.)

Dans d'autres, au contraire, il est divisé en parcelles à peine discernables à l'œil nu.

Le plus souvent il est en lamelles minces, planes ou courbes, bien distinctes et confusément disposées dans toutes les directions. Cependant, il arrive quelquefois que ces lamelles sont orientées suivant un même plan, parallèle à la surface du filon. La roche prend alors une disposition schistoïde.

Indépendamment de ses deux éléments principaux, la Minette contient souvent de l'Amphibole en petits cristaux prismatiques verdâtres, plus ou moins altérés. Quelques variétés contiennent du Quartz vitreux ; ce sont surtout les Minettes porphyroïdes qui renferment aussi de grands cristaux d'Orthose. (Natzwiller, Bipierre.)

On trouve encore dans la Minette, mais à titre de minéraux accidentels, du Fer sulfuré cristallisé, de la Pyrite de cuivre, du Fer oxydulé, du Fer oligiste, de la Chlorite, de l'Epidote, de l'Halloysite, de la Chaux carbonatée et une substance asbestiforme, de couleur bleu clair, désignée sous le nom de *Krokidolite*. (Wackembach, Noires-Maisons.)

Les proportions relatives des deux éléments normaux de la Minette (Orthose et Mica), leur mélange plus ou moins intime, l'état plus ou moins cristallin et la couleur du Feld-spath, la dimension des lamelles ou paillettes de Mica, etc., telles sont les conditions principales qui donnent à cette roche les variétés d'aspect et de caractères qu'elle revêt dans les diverses localités où elle se rencontre. Ainsi, elle peut se présenter avec les apparences d'une roche *phanérogène*, à éléments bien distincts, comme au Buisson Ardent près Remiremont, aux Roches Margot près Senones, à Frabois, etc., ou bien sous un aspect très rapproché de l'état *adélogène*, comme dans le Calcaire de Schirmeck et de Wackembach. Les variétés porphyroïdes, et notamment celles à grands cris-taux d'Orthose rouge, s'observent plus spécialement en filons dans les Syénites.

Quant à leur structure d'assemblage, les Minettes sont le plus souvent massives, comme la plupart des roches en fi-lons. Cependant, elles sont quelquefois schistoïdes (Ballon de Saint-Maurice); d'autres fois elles se divisent en paralléli-pipèdes plus ou moins réguliers ou en sphéroïdes (Schir-meck, Wackembach, Mont-Chauve, etc.) Certaines variétés sont en outre globuleuses (Saint-Etienne, aux Traits de Ro-ches, Ballon d'Alsace, Mont-Chauve, etc.); enfin, d'autres sont celluleuses.

Toutes les roches dont nous venons de parler, sont à *base d'Orthose*, elles ont entre elles une étroite affinité qui se tra-duit par un certain air de famille, et elles peuvent être con-sidérées comme faisant partie intégrante du *groupe graniti-que* à cause de leur liaison étroite avec le Granite, auquel elles se rattachent par la similitude de leur constitution mi-néralogique et par l'identité de leurs éléments constituants essentiels.

Il n'en est plus de même des espèces suivantes, qui sont en quelque sorte étrangères au milieu des roches granitiques, parmi lesquelles elles se sont introduites et dont elles se distinguent par leur composition et leurs caractères génériques. Ce sont :

7° Les *Amphibolites;*

8° Les *Diorites;*

9° Les *Kersantites.*

Ces roches, par leur constitution minéralogique et plus spécialement par la nature de leur élément *feldspathique*, se rattachent au *groupe dioritique*. Nous en résumerons les caractères particuliers à l'article que nous consacrons à ce groupe.

10° Le *Quartz en roche*. On trouve encore dans le terrain granitique des filons quelquefois très puissants de Quartz en roche. Leur masse est constituée par du Quartz commun, généralement blanc de lait et opaque, souvent teinté de rose, de jaune ou de brun par l'oxyde ou l'hydrate de fer. Ces diverses colorations se présentent surtout sous forme de veines simples ou ramifiées, droites ou flexueuses, qui s'entrecroisent dans tous les sens, en formant des espèces de plans irréguliers.

Les fissures de la roche ou les cavités accidentelles sont fréquemment tapissées de cristaux prismatiques ou réduits à leur pointement pyramidal et groupés en druses. Ces cristaux sont quelquefois très volumineux, mais alors ils sont opaques, blanc laiteux, rosés ou jaunâtres. Cependant dans quelques localités, par exemple à La Bresse, ils sont vitreux ou même hyalins et zônés d'Améthyste d'une belle teinte violette. La roche connue sous le nom de Schlüsselstein, près Ribauvillé, offre la réunion des principales variétés du Quartz, c'est-à-dire le Quartz commun, le Quartz hyalin, l'Améthyste, la Calcédoine, le Silex, etc.; variétés disposées en bandes ou zônes parallèles droites ou ondulées, des plus riches teintes et du plus bel effet.

Les cavités du Quartz en roches renferment souvent, indépendamment des cristaux de Quartz hyalin, des lamelles ou des cristaux de Fer oligiste, plus rarement de la Pyrite cuivreuse, du Cuivre carbonaté, du Sulfure de Molybdène.

Dans quelques localités, notamment à Xéfosse dans la vallée du Valtin, à l'Angochet sur la côte du Bonhomme, etc., le Quartz est mélangé d'une proportion plus ou moins considérable d'une substance verdâtre ou jaunâtre, tendre et translucide, tantôt amorphe et plus généralement composée de fines écailles agglomérées. Cette substance qui est un hydrosilicate de Magnésie, peut être considérée comme une variété bien caractérisée de *Talc*. Tantôt elle forme de petits amas dans la roche ; tantôt elle y est disposée sous forme de bandes ou de zônes irrégulières ; tantôt, enfin, elle constitue par son mélange avec le Quartz divisé en petites parcelles irrégulières une sorte de composé binaire, qui a l'apparence d'un Granite grossier, et que quelques personnes considèrent à tort comme une variété de Protogyne.

Le Quartz en roche est traversé par de nombreuses fissures qui divisent sa masse en blocs ou fragments irréguliers et plus ou moins volumineux, dont les surfaces sont couvertes d'un enduit rouge d'oxyde de fer.

Le *Granulite*. Outre le Granite commun et le Granite porphyroïde, il existe une troisième variété de cette espèce de roche, beaucoup moins répandue que les deux autres et qui ne s'observe qu'à l'état de filons dans le Granite porphyroïde lui-même. On la désigne sous le nom de *Granulite* ou de Granite à grains fins.

Les trois éléments dont il se compose, *Orthose*, *Quartz* et *Mica*, quoique généralement bien distincts, sont cependant réduits à un état de ténuité qui, au premier abord, donne à la roche une apparence grenue, analogue à celle de certaines Eurites. Le Feldspath est en général dominant, et sa couleur rougeâtre détermine la teinte de la masse elle-même. Dans les fissures où les cavités géodiques qui s'y rencontrent assez souvent, on trouve des cristaux de Quartz hyalin et des cristaux bien nets d'Orthose, accompagnés de Mica noir hexagonal et quelquefois de Fer oligiste rubigineux.

La disposition de cette variété de Granite en filons dans le Granite porphyroïde, donne lieu de conclure qu'il est plus récent que celui-ci, qui lui-même est postérieur au Granite commun. Le Granite des Vosges appartient donc au moins à trois époques ou périodes bien distinctes.

B) **GROUPE SYÉNITIQUE**

Le groupe syénitique est lié d'une manière très étroite avec le groupe granitique, et les roches dont il se compose concourent, avec les Granites proprement dits, à former les grands massifs de la chaîne des Vosges.

Toutefois, cette association s'observe plus spécialement aux deux extrémités du système, c'est-à-dire dans le massif des *Ballons* et dans celui du *Champ-du-Feu.*

Dans la partie centrale, désignée sous le nom de Grande Chaîne et comprise entre la Vallée de la Moselle, au Sud, et le Col de Steige, au Nord, on rencontre souvent des Granites porphyroïdes qui renferment une proportion plus ou moins considérable d'Amphibole; mais les véritables Syénites paraissent y faire à peu près complètement défaut.

Les roches syénitiques sont peu variées; cependant elles constituent trois types distincts, savoir :

1° Le *Granite syénitique;*

2° La *Syénite proprement dite;*

3° Le *Porphyre syénitique.*

Le caractère commun de ces roches et en même temps celui qui les distingue des Granites proprement dits, c'est la nature de leur élément feldspathique.

La proportion ou même la présence de l'Amphibole ne constitue, à mon avis, qu'un caractère de second ordre.

Le *Feldspath* caractéristique des Syénites appartient au sixième type cristallin, et sa composition chimique le rapproche tout à la fois de l'Albite et de l'Oligoclase. M. Delesse le rapporte à l'*Andésite*.

Ses caractères minéralogiques sont ceux qu'on observe généralement dans les Feldspaths du groupe albitique. Sa couleur naturelle est le blanc verdâtre qui passe au rose ou au rouge de corail ou bien au blanc mat. Ces diverses teintes paraissent résulter du degré plus ou moins avancé d'altération qu'il a éprouvé. Son éclat est gras, sa cassure céroïde. Son clivage le plus net et le seul qui s'obtienne avec facilité sur la variété verdâtre, complètement exempte d'altération, présente généralement d'une manière plus ou moins distincte les stries fines et parallèles qui caractérisent les lames hémétropes des Feldspaths du sixième type cristallin.

La proportion de ce Feldspath varie beaucoup dans les roches syénitiques. Dans les Granites syénitiques et dans les Syénites porphyroïdes, il est généralement peu abondant relativement à l'Orthose. Il est au contraire très dominant dans les Syénites granitoïdes ou à petits grains.

L'*Amphibole* appartient exclusivement à l'espèce dite *hornblende*. Son tissu est généralement lamellaire, plus rarement fibro-lamellaire. Sa couleur est le vert foncé ou le vert noirâtre, passant par altération au vert olive. Il est souvent cristallisé en prismes aplatis et allongés (M g'), dans lesquels dominent les faces de la forme primitive; quelquefois ces prismes sont terminés, c'est-à-dire pourvus de leur pointement.

La proportion relative de l'Amphibole varie beaucoup dans les diverses variétés de Syénites.

L'*Orthose*, généralement maclé comme dans les Granites porphyroïdes, est beaucoup plus volumineux et plus net que ceux d'Andésite. Sa couleur est quelquefois le blanc de lait, plus souvent le rose, le rouge de chair, le rouge fauve ou violacé. C'est du reste la teinte de ce minéral qui détermine celle de la masse de la roche, dans les variétés où il prédomine, c'est-à-dire dans les Granites syénitiques et dans les Syénites porphyroïdes.

Le *Mica* est brun foncé ou noir, en lames hexagonales ou quelquefois en petits prismes à six pans formés par la superposition d'un certain nombre de ces lames. C'est surtout sous cette forme qu'on l'observe dans les Porphyres syénitiques.

Le Mica est très rare dans les Syénites granitoïdes ou à grain fin, ainsi que dans les Syénites porphyroïdes à grands cristaux des Ballons. Il est au contraire très commun dans les Porphyres syénitiques, dans les Granites syénitiques et surtout dans les Syénites du Champ-du-Feu, dans lesquelles il se substitue plus ou moins complètement à l'Amphibole.

Le *Quartz*, quand il existe, est en grains vitreux, qui n'ont rien de particulier, si ce n'est une teinte rose ou rougeâtre dans quelques localités. On l'observe rarement dans les Syénites granitoïdes. Il se trouve au contraire assez communément dans les variétés riches en Orthose, c'est-à-dire dans les Syénites porphyroïdes à grands éléments des Ballons et du Champ-du-Feu et dans les Granites syénitiques :

1° *Granite syénitique.* Cette roche établit le passage des Granites porphyroïdes aux Syénites proprement dites. Elle est caractérisée par la présence du Quartz en proportion plus ou moins notable; par l'abondance de l'Orthose en cristaux maclés, quelquefois très développés, qui constituent environ les deux tiers de sa masse; enfin, par la présence de l'Amphibole associée au Mica noir, et surtout par celle d'une proportion notable de Feldspath anorthose (Andésite.)

Le Granite syénitique s'observe avec des caractères assez analogues aux Ballons et au Champ-du-Feu, où il s'associe aux autres roches syénitiques. On le trouve aussi dans la Vallée du Tholy à Menaurupt, à la Côte de Sainte-Marie, aux Roches Margot près Senones.

2° *Syénite.* Cette roche se compose essentiellement de *Feldspath andésite* et d'*Amphibole hornblende.* Au Champ-du-Feu, on trouve assez communément une variété minéralogique dans laquelle le Mica noir hexagonal remplace plus ou moins complètement l'Amphibole, mais qui diffère du Granite, avec lequel on pourrait la confondre, par l'absence plus ou moins complète du Quartz et par une forte proportion du Feldspath anorthose.

Les variétés de Syénites dans lesquelles la cristallisation est largement développée et qui renferment de grands cristaux maclés d'Orthose, sont désignées sous le nom de *Syénites porphyroïdes.*

Ces variétés qui sont les plus communes et les plus répandues, renferment généralement une petite proportion de Quartz, lequel présente quelquefois une coloration rougeâtre qui lui donne l'apparence de certains Grenats. Cette particularité s'observe communément aux environs de Senones, au Champ-du-Feu, au Jaegerthal, etc.

On trouve aussi dans ces mêmes variétés de Syénites du *Sphène* en petits cristaux jaunâtres; du *Fer oxydulé titanifère,* en petits octaèdres et en grains amorphes, qui sont quelquefois assez abondants pour donner à la masse de la roche une action très prononcée sur l'aiguille aimantée, et même pour lui communiquer la propriété magnéti-polaire. Les sables qui proviennent de la décomposition des Syénites, contiennent souvent une proportion notable de ces petits cristaux qui, séparés et entraînés par les eaux pluviales, se réunissent sous forme de traînées noirâtres dans les rigoles et les ornières des chemins, où on les recueille pour les utiliser comme poudre à sécher l'écriture.

En examinant cette poudre à l'aide d'une forte loupe, on y découvre de petits *Grenats* transparents et des cristaux microscopiques de *Zircon* diaphane, en prismes quadrangulaires, surmontés d'un pointement octaédrique très surbaissé, placé sur les angles solides du prisme dérivé (b ^{1}) et correspondant aux arêtes des bases du primitif.

Sur quelques cristaux on observe en outre des facettes linéaires formant une bordure en zig-zag, placée sur les arêtes d'intersection du prisme et de l'octaèdre terminal. Ces facettes appartiennent au dioctaèdre (a ^{2}). On peut observer ces curieuses particularités dans beaucoup de localités : au Ban-de-la-Roche, au Champ-du-Feu, dans les environs de Barr et d'Andlau, sur les plateaux qui dominent à l'Est la Vallée de Senones, etc.

Enfin l'*Epidote* abonde dans la Syénite porphyroïde, où on la trouve en cristaux aciculaires disposés en faisceaux, en mouches, en petits nodules radiés d'un beau vert pistache, ou même sous forme de veines.

La Syénite porphyroïde est la variété qui s'observe le plus communément dans les grandes masses, aux Ballons, au Champ-du-Feu, etc.; mais dans les ramifications qui se détachent de celles-ci et surtout vers les limites du terrain cristallin, on trouve une variété dont la composition est plus simple, et dont la contexture égale et uniforme rappelle tout à fait celle du Granite commun, qu'on la désigne sous le nom de *Syénite granitoïde*.

7

Elle ne renferme point de cristaux maclés d'Orthose, et le Quartz y fait complètement défaut, ou ne s'y observe que sous forme de petits grains peu nombreux et de couleur rose. Les éléments qui constituent à peu près exclusivement la masse de la roche, sont le Feldspath anorthose (Andésite?) gris verdâtre ou rougeâtre, et la Hornblende noirâtre ou vert foncé. Il s'y joint quelquefois un peu de Mica noir ou brun. Ces variétés sont communes dans tout le plateau situé entre Saales et Senones. (Saint-Jean-d'Ormont, Hurbache, Saint-Stail, Vieux-Moulin.) On les trouve aussi à la Base du Champ-du-Feu, au pied des Ballons, etc.

3° *Porphyre syénitique.* Cette roche est aux Syénites ce que les Porphyres granitiques sont aux Granites, c'est-à-dire qu'elle se compose des mêmes éléments constituants que la Syénite bien caractérisée, mais que la cristallisation ne s'y est développée que d'une manière incomplète, et n'est point arrivée jusqu'à opérer la séparation de tous les principes constituants. Une partie de la masse est restée à l'état de *pâte* plus ou moins adélogène, dans laquelle se sont développés des cristaux d'Orthose généralement rougeâtres, des lames de Feldspath anorthose verdâtre ou rubéfié, de la Hornblende, du Mica noir ou brun, presque toujours cristallisé, et assez communément des aiguilles ou de petits nodules radiés d'Epidote vert jaunâtre.

La *pâte* plus ou moins homogène, quelquefois pétrosiliceuse, a une teinte qui varie du gris rosé au rouge brunâtre ou au brun foncé.

Le Porphyre syénitique accompagne souvent les Syénites granitoïdes. On le voit aussi s'associer aux Diorites et pénétrer avec elles dans le terrain de transition. On l'observe dans les Vallées de La Bruche et du Rabodeau, au revers méridional des Ballons, Natzwiller, Simmering, Barembach,

Pont des Bas, La Claquette, Ban-d'Etival, Servance, Le Puix (Haut-Rhin), vers le Haut-Pont, au Bœrenkopf, etc., etc.

C) **GROUPE DIORITIQUE**

Les roches qui font partie du groupe dioritique et celles qui s'y rattachent par des affinités d'origine et de composition, ne forment point de grands massifs continus et homogènes comme les Granites et les Syénites. On ne les observe qu'en masses peu étendues, enclavées dans ces massifs, ou plus communément en filons, et leur ensemble constitue une sorte de réseau dont les ramifications s'étendent non seulement à travers toute la formation cristalline, mais pénètrent même jusque dans les terrains de transition, où leur intrusion a souvent déterminé des dislocations considérables et des effets de métamorphisme plus ou moins manifestes.

Nous prenons pour type de ce genre de roches le *Diorite* proprement dit, et nous groupons autour de lui et à sa suite, d'abord les espèces et les variétés qui n'en sont que des modifications ou des dégradations, comme les *Dioritines* ou Diorites compactes, les *Porphyres dioritiques*, les *Aphanites* et les *Trapps*, puis nous y rattachons les *Amphibolites*, qui, à vrai dire, ne représentent qu'une modalité particulière du type générique, et qui ne sont que des variétés minéralogiques de Diorites dans lesquelles prédomine l'élément Amphibole; enfin les *Kersantites* et les *Sélagites*, qui se lient étroitement aux Diorites par l'analogie de leur composition et de leurs caractères minéralogiques, et par la similitude de leur élément feldspathique.

Toutes les roches qui appartiennent au groupe dioritique, celles du moins dont les éléments sont distincts, sont constituées minéralogiquement par deux ou trois composants essentiels, savoir : un Feldspath anorthose, associé à un Mica et à l'Amphibole, ou quelquefois à ces deux espèces minérales à la fois.

Le *Feldspath* des roches dioritiques appartient au sixième type cristallin et peut être rapporté à l'*Oligoclase;* sa couleur la plus ordinaire est le blanc légèrement teinté de vert, plus rarement le blanc de lait. On ne l'observe guère en cristaux bien déterminés; mais il possède un clivage facile, presque aussi net que celui de l'Orthose, quoique doué d'un éclat gras particulier, que possèdent à un degré plus ou moins prononcé la plupart des Feldspaths anorthoses. Sur la surface de ce clivage, on distingue assez généralement les stries d'hémitropie communes à tous les Feldspaths du sixième type cristallin. La cassure de l'Oligoclase est inégale et céroïde dans toutes les autres directions. Ce Feldspath a peu de tendance à se rubéfier par altération, comme cela arrive si souvent pour l'Andésite et le Labrador. Il offre d'ailleurs plus de résistance à l'action des agents atmosphériques qu'aucun autre Feldspath des roches vosgiennes.

L'*Amphibole* appartient à l'espèce *Hornblende* ou très exceptionnellement à l'*Actinote.*

La Hornblende est noire ou vert foncé; son tissu est lamelleux ou quelquefois fibreux, notamment dans les Amphibolites. On l'observe quelquefois aussi en cristaux prismatiques très nets et assez volumineux, plus souvent en aiguilles minces et allongées.

L'Actinote se distingue par sa couleur verte bien prononcée et son tissu fibreux, elle est facilement clivable sous l'angle de 124°. Elle ne s'observe toutefois pas en cristaux déterminés, mais en lames cristallines allongées. Elle est du reste beaucoup plus rare que la Hornblende.

Le *Mica* est noir, passant au brun par altération, ou bien prenant une teinte bronzée comme la plupart des Micas à base de fer et de magnésie. Il manque dans beaucoup de roches dioritiques. Il s'associe à l'Amphibole dans quelques espèces et se substitue complètement à ce minéral dans certaines autres.

Diorites. Ces roches, composées de deux éléments essentiels, *Oligoclase* et *Amphibole*, sont extrêmement répandues dans les Vosges. Elles s'y présentent sous des apparences très variées, mais en réalité leur constitution minéralogique reste à peu près constamment la même.

Les variations si remarquables que l'on observe dans leurs faciès et dans leurs caractères généraux, résultent d'une différence, non pas dans la nature de leurs principes constituants essentiels, mais seulement dans les proportions relatives de ces mêmes principes, dans leur état plus ou moins cristallin, dans leur mode d'association et dans leur répartition plus ou moins régulière dans la masse de la roche.

Ainsi, dans certains diorites très communs dans la Vallée de La Bruche et au Ban-de-la-Roche, à Fouday, Saint-Blaise-La-Roche, etc., l'élément feldspathique est prédominant, et l'Amphibole ne se montre qu'en lamelles groupées ou disséminées, ou bien en longues aiguilles déliées, entrecroisées dans tous les sens (Wildersbach.) Dans d'autres variétés, au contraire, très communes dans la Vallée de la Moselle et au pied des Ballons, Saint-Maurice, Le Thillot, etc., c'est l'élément amphibolique qui imprime son caractère à toute la masse et dissimule complètement la présence du Feldspath. La roche passe alors à l'Amphibolite.

Toutes les combinaisons intermédiaires à ces deux modalités extrêmes peuvent se rencontrer, non pas seulement dans des localités différentes, mais dans une seule et même masse ou quelquefois dans un même bloc.

En outre, il y a des Diorites dans lesquels la cristallisation s'est largement développée, et dont les éléments plus ou moins régulièrement répartis dans la masse, sont d'autant plus distincts qu'ils tranchent nettement l'un sur l'autre par leur teinte opposée, le blanc et le noir, Feldspath et Amphibole. Cette variété désignée sous le nom de *Diorite granitoïde*, doit être considérée comme le type de l'espèce, surtout si on se rapporte à la signification même du nom qui lui a été imposé par Haüy, διορίζω.

Cette variété s'observe dans beaucoup de localités, à Fouday, à Natzwiller, au Ban-de-la-Roche, à Bourmont, à Etival, à la Côte Daniale (au Val-d'Ajol), à la Côte de Ribeauvillé (Haut-Rhin), au-dessus du Bozon près Servance.

Par contre, dans d'autres variétés de Diorites la cristallisation est confuse ou à peine indiquée, et les éléments constituants de la roche ne se distinguent plus nettement à l'œil, soit que l'Amphibole ou le Feldspath constitue la partie dominante de la masse ; et, ce qu'il y a de plus remarquable, c'est que, sous ce point de vue encore, l'une et l'autre particularités de structure d'agrégation peuvent s'observer non seulement dans la même roche, mais sur le même échantillon. (Val-d'Ajol, Côte de Ribeauvillé.)

Enfin, pour ce qui concerne la structure de séparation des masses elles-mêmes, beaucoup de Diorites sont massifs comme des Granites et ont un aspect qui leur donne une certaine ressemblance avec ces roches ; d'autres ont une disposition schistoïde plus ou moins prononcée qui les rapproche de certains Gneiss ou Schistes micacés, auxquels du reste ils passent en effet assez souvent. Cette dernière disposition s'observe plus spécialement dans les variétés riches en Amphibole et qui contiennent en outre du Mica. Souvent aussi elle paraît être due à l'orientation des lamelles d'Amphibole qui, au lieu de s'entrecroiser dans tous les sens, comme dans les Diorites communs ou granitoïdes, sont disposées suivant des plans parallèles et réguliers, dont la superposition détermine la schistosité de la masse. (Faing-Thiéry, commune de Coinches.)

Les Diorites granitoïdes contiennent assez souvent du Quartz, qui, en général, se trouve concentré dans des veinules avec d'autres minéraux : Albite, Chlorite, Épidote, Asbeste ; quelquefois cependant il est disséminé en petits grains dans la masse de la roche. (Natzwiller.)

Ils renferment aussi assez souvent du Fer oxydulé, et certaines variétés du Ban-de-la-Roche (Vallée de La Rothaine) sont remarquables par la propriété magnéti-polaire qu'elles possèdent à un haut degré et qu'elles doivent à la présence de ce minéral dans leur masse.

On trouve encore dans les Diorites granitoïdes de quelques localités, de grands cristaux de Sphène brun, notamment à la Côte Danialé (au Val-d'Ajol). La belle variété de la Côte de Ribeauvillé (Haut-Rhin) renferme en outre de grands cristaux et des noyaux volumineux de Grenat rouge, clivables en lames translucides.

Les Diorites à structure granitoïde et franchement cristalline renferment presque toujours du Quartz, et les filons qu'ils forment dans les Granites ou les Syénites ne sont pas toujours nettement séparés de la roche encaissante. Ceux au contraire dont la texture est confuse, lamelleuse ou grenue, dans lesquels la Hornblende est très abondante et qui forment le passage du Diorite proprement dit à l'Amphibolite, ne contiennent généralement point de Quartz dans leur masse, et les filons qu'ils constituent dans le Granite ou le Gneiss sont presque toujours nettement séparés de la roche encaissante.

Porphyres dioritiques. Les Porphyres dioritiques peuvent être considérés comme des dégradations ou comme des variétés oblitérées des Diorites proprement dits, et nous rappellerons, à l'égard de ces roches, ce que nous avons déjà dit relativement aux Porphyres granitiques et syénitiques, savoir, qu'ils ne diffèrent guère des types phanérogènes auxquels ils se rattachent, que par la séparation incomplète de leurs éléments composants et la confusion d'une partie de leur masse en une *pâte* d'apparence plus ou moins homogène. Cette pâte est généralement verdâtre, vert foncé ou noirâtre. Sa texture peut être cristalline ; plus souvent elle est grenue ou même pétrosiliceuse, à cassure esquilleuse et translucide sur les bords des fragments. Sa coloration n'est pas toujours due à un mélange intime d'Amphibole, comme on pourrait le supposer, mais elle résulte souvent d'un mélange de matière chloriteuse ou d'un silicate ferrugineux, car dans beaucoup de variétés elle est en partie détruite par l'action de l'acide sulfurique ou de l'acide hydrochlorique.

Les cristaux qui se sont développés dans cette pâte n'appartiennent jamais à l'Orthose, mais toujours au contraire à un Feldspath anorthose de la série albitique, dont la composition est rarement bien définie, mais qui se rapproche plus ou moins de l'Albite ou de l'Oligoclase. Ils sont blancs verdâtres, peu éclatants, à cassure creuse ; leurs contours ont généralement peu de netteté, souvent même ils se fondent graduellement dans la pâte qui les enveloppe.

On distingue aussi dans cette pâte des lamelles ou des aiguilles d'Amphibole et quelquefois de l'Épidote, du Fer sulfuré, du Fer oxydulé. Dans quelques variétés des environs de Rothau et du Pont de Charité, on observe de petites druses dans lesquelles se trouvent des cristaux d'Albite, de l'Asbeste, des lamelles de Chlorite verte, du Quartz et de la Chaux carbonatée.

Les Porphyres dioritiques font partie du *Grünstein porphyr* des minéralogistes allemands. Ils sont assez communs dans la Vallée de La Bruche et surtout dans les embranchements qui, de Fouday et de Rothau, remontent vers le Champ-du-Feu. On les trouve aussi au Ban-d'Etival, à Ménil, et dans beaucoup d'autres localités. Leur gisement se trouve généralement vers les confins de la formation cristalline, et surtout dans les ramifications qui ont pénétré dans le terrain de transition.

Les variétés de Porphyre dioritique dans lesquelles les cristaux sont rares et peu apparents, passent au Diorite compacte ou à la Dioritine.

Dioritine. On désigne sous ce nom une espèce de roche plus ou moins adélogène, qui paraît assez généralement composée des mêmes éléments que le Diorite. Sa couleur varie du vert bouteille au vert noirâtre ou au gris verdâtre; elle n'est point uniforme dans une même masse et affecte souvent des teintes dégradées.

Sa texture grenue ou confusément cristalline, laisse souvent distinguer à la loupe des lamelles de Feldspath blanc verdâtre et de la Hornblende noir ou vert foncé. On y trouve aussi de l'Épidote en petits nodules fibroradiés ou en veines minces. Quelquefois ce minéral se trouve sous forme d'aiguilles cristallines dans des druses, où il est associé à d'autres minéraux : Albite, Chlorite verte, Quartz, Actinote.

Les Dioritines sont souvent associées aux Porphyres dioritiques, auxquels elles passent quand elles renferment des cristaux de Feldspath plus ou moins distincts de leur masse. Elles s'observent rarement dans le terrain cristallin lui-même, mais elles appartiennent plus spécialement aux ramifications qui ont pénétré dans les dépôts sédimentaires.

Amphibolites. On a appliqué cette désignation à des roches qui, pour la plupart, ne sont en réalité que des variétés de Diorites dans lesquelles l'élément feldspathique est réduit à de faibles proportions relatives, ou semble même faire défaut. Mais l'absence de cet élément, du moins en ce qui concerne les Amphibolites des Vosges, est plus apparent que réel; car si on examine avec attention les variétés même qui paraissent le plus exclusivement composées d'Amphibole, on reconnaît facilement qu'elles renferment encore une proportion notable de Feldspath, et que ce Feldspath est généralement identique à celui des Diorites. Ce qui contribue surtout à dissimuler la présence de ce minéral dans les Amphibolites, c'est que, indépendamment de sa faible proportion relative, il ne se trouve dans ces roches qu'à l'état de pâte verdâtre ou sous forme de lames cristallines minces, qu'une coloration verte, plus ou moins prononcée, rend très difficiles à distinguer de l'Amphibole qui les enveloppe. Ces lames feldspathiques sont quelquefois groupées plus ou moins régulièrement autour d'un point central.

Les Amphibolites se présentent sous deux aspects bien distincts, savoir :

1° Les variétés à texture lamelleuse ;

2° Les variétés à texture fibreuse.

Les premières ont une couleur verte plus ou moins foncée ; elles sont presque toujours massives et elles renferment généralement plus de Feldspath que les variétés fibreuses.

Ce sont elles surtout qui, sous le rapport minéralogique, se distinguent à peine des Diorites riches en Amphibole.

Toutefois, quelques-unes d'entre elles, dont la teinte verte est plus nettement prononcée, sont constituées, non par de l'Amphibole hornblende, mais bien par de l'*Actinote* en lames cristallines vertes et translucides, et en outre, le Feldspath qu'elles contiennent a une composition chimique qui se rapproche de celle du *Labrador*. Ces variétés s'observent particulièrement au Pont-Jean commune de Fresse, au Thillot, au Ballon de Servance.

Les variétés fibreuses sont noirâtres ou grisâtres ; leur poussière est gris clair. Elles ont généralement une structure schistoïde qui leur donne l'aspect de certains Gneiss, avec lesquels il est facile de les confondre, surtout quand elles renferment du Mica.

Elles sont, du reste, le plus souvent associées à ces roches, et n'en sont même pas toujours très nettement séparées (Lac de Fondromé).

Les Amphibolites schistoïdes sont des roches extrêmement tenaces ; elles reçoivent l'empreinte du marteau sans se briser ou se diviser en éclats. Cependant les couches se séparent assez facilement dans le sens de la schistosité.

Elles sont souvent traversées par des veines minces de Feldspath, de Quartz ou même de Fer sulfuré, dont la direction est perpendiculaire à celle de la schistosité.

On trouve en outre dans leur masse de la Pyrite commune, en petits grains ou en cristaux, et surtout de la *Pyrite magnétique*, qui est quelquefois assez abondante pour communiquer à la roche une action prononcée sur l'aiguille aimantée. Enfin on observe dans de petites druses des cristaux d'Albite associés à de l'Asbeste.

Les Amphibolites s'observent plus spécialement en filons dans les Gneiss et dans les Granites.

Les variétés lamelleuses se trouvent dans un grand nombre de localités : au Pont-Jean commune de Fresse, à la Graneille commune de Rupt, au Ruisseau du Couar commune du Thillot, à Rimbach (Haut-Rhin).

Les variétés schistoïdes se rencontrent au Ballon de Saint-Maurice, Pont du Creux, Plaine, Pont de Lette commune de Rupt, Lac de Fondromé, Faing-Thiéry, Roches-Margot.

Aphanites, Trapp. On confond généralement, sous le nom générique d'*Aphanites*, des roches éruptives adélogènes de nature et de composition probablement très différentes, et qui ont pour caractères communs une texture granulo-cristalline ou finement lamelleuse, égale et uniforme, et une couleur gris noirâtre, vert noirâtre ou bleuâtre.

Elles sont toutes fusibles en un verre de couleur foncée. Leur densité est assez considérable, elle varie de 2.90 à 3. Leur dureté n'est pas très grande, mais elles sont extrêmement tenaces et présentent une extrême résistance à l'écrasement, ce qui les fait rechercher pour l'empierrement des routes.

Quelques-unes de ces roches paraissent se confondre avec les Dioritines, dont elles se rapprochent par leurs caractères extérieurs et par leur composition chimique (Base du Donon). Mais la plupart ne doivent pas leur coloration à l'Amphibole, comme on le croit assez généralement, car elles se décolorent plus ou moins complètement par l'action des acides. Elles sont constituées par une sorte de pâte ou de magma feldspathique qui ne peut être rapporté à aucune espèce définie, mais qui toutefois doit être considéré comme appartenant au groupe des Felspaths anorthoses. Cette pâte feldspathique est colorée en vert plus ou moins foncé ou en gris verdâtre par son mélange intime avec une proportion variable d'un Silicate ferro-magnésien. Cependant on distingue dans quelques variétés des lamelles d'Amphibole, qui deviennent surtout apparentes quand la roche a subi un certain degré d'altération ou quand elle a été en partie décolorée par un acide. L'action des agents atmosphériques détermine à la surface des blocs d'Aphanite une altération ou kaolinisation qui leur donne une teinte gris de cendre ou blanchâtre, mais qui ne pénètre pas au delà de quelques millimètres.

Les véritables Aphanites sont moins répandus qu'on ne le croit généralement, car on a souvent confondu avec ces roches certaines variétés de Diorites ou même des Grauwackes ou des Schistes métamorphiques.

Les localités les plus connues sont à la Côte de Bussang, à Fresse, à Saint-Maurice, à Saint-Bresson.

Mais le type le plus remarquable, c'est la belle roche qui s'exploite aux environs de Raon-l'Etape, et que l'on désigne plus communément sous le nom de *Trapp*.

Cette roche a une couleur gris bleuâtre foncé. L'influence des agents atmosphériques lui fait subir une altération superficielle qui lui donne une teinte gris de cendre clair ou même blanchâtre.

Elle est constituée par une pâte feldspathique homogène, grenue ou finement cristalline, composée de petites lamelles brillantes, qui se distinguent assez facilement à la surface des cassures fraîches lorsqu'on les expose et qu'on les fait mouvoir à une vive lumière.

Le Trapp a une dureté qui n'est pas beaucoup supérieure à celle de la pâte des Porphyres feldspathiques, mais il est plus tenace que la plupart de ces dernières roches, et offre une grande résistance à l'écrasement et à la percussion; doué d'une certaine élasticité et d'une sonorité bien prononcée, il renvoie avec force le choc du marteau, en rendant un son clair, comparable à celui des Phonolites. Sa cassure est égale et unie, plate ou légèrement conchoïdale. Sa poussière a une couleur gris de cendre.

Il a une action plus ou moins manifeste sur l'aiguille aimantée. Il est fusible en un verre de couleur foncée.

Le Feldspath qui constitue la base essentielle du Trapp,
appartient manifestement à l'un des groupes du sixième
type cristallin, et l'on peut même observer les stries caractéristiques de ce système à la surface de certaines lamelles
assez développées pour rendre ces stries perceptibles avec
l'aide d'un grossissement convenable ; mais il serait difficile de rapporter ce Feldspath à une espèce déterminée ;
toutefois, sa composition chimique le rapproche beaucoup
plus du groupe *labradorique* que de la série albitique, car,
d'une part, sa teneur en silice est très faible, et, d'autre part,
il renferme une proportion notable de Chaux et une faible
proportion d'Alcali.

Le Trapp ne doit pas sa coloration au simple mélange
d'une substance minérale de couleur foncée, distincte du
Feldspath qui fait la base de sa masse. C'est la pâte feldspathique elle-même qui est colorée par un composé ferro-magnésien, lequel n'appartient probablement à aucune espèce
définie, et n'est, dans tous les cas, ni l'Amphibole ni le Pyroxène.

On trouve dans le Trapp quelques minéraux accidentels,
soit en particules disséminées dans ses masses, soit concen-
trés dans de petites veines ou un voisinage de noyaux irréguliers et mal limités, de couleur plus claire que la masse
elle-même. Ceux qui s'observent le plus fréquemment sont
la Hornblende en petites lamelles, l'Épidote vert jaunâtre, la
Chlorite, le Fer sulfuré commun, la Pyrite magnétique et
enfin le Fer oxydulé. Ce dernier est quelquefois assez abondant pour donner à la roche un pouvoir magnétique considérable, et même la propriété magnéti-polaire.

Quant à sa structure de séparation, le Trapp est une roche

massive et homogène, qui cependant vers les limites du filon se divise en fragments parallépipédiques pseudo-réguliers et obliquangles. Il est alors assez difficile de le distinguer de la Grauwacke métamorphique, au conctact de laquelle il se trouve et à laquelle il semble passer par degrés. Toutefois, cette dernière roche, indépendamment des indices plus ou moins manifestes de structure schistoïde qu'elle a conservés malgré son métamorphisme, diffère encore du Trapp par les caractères suivants.

Sa couleur est gris noirâtre et non pas bleuâtre; sa texture est tout à fait homogène, compacte ou finement grenue, mais non cristalline; sa tenacité est beaucoup moins grande que celle du Trapp; elle éclate facilement sous le choc du marteau; sa cassure est conchoïdale ou esquille use; ses fragments amincis et tranchants sur les bords. Sa densité est sensiblement plus faible que celle du Trapp; elle atteint à peine 2; son action sur l'aiguille aimantée est à peu près nulle. Exposée à une haute température, elle blanchit et se fond avec difficulté, etc.

J'ai jugé qu'il n'était pas sans utilité d'indiquer avec quelques détails ces caractères distinctifs. Le Trapp est très recherché pour ses qualités comme roche d'empierrement, et, depuis quelques années, son prix est relativement très élevé. Il importe donc de ne pas le confondre avec des roches dont l'apparence extérieure est à peu près la même, mais qui en diffèrent complètement par leurs propriétés et par leur nature et qui ne fournissent que des matériaux de qualité tout à fait médiocre.

Le Trapp bien caractérisé n'a été rencontré jusqu'ici que sur un espace peu étendu situé au Sud-Est de Raon-l'Etape, et s'étendant sur la rive droite de la Meurthe, à l'entrée de cette ville, jusque vers le hameau de Chavré, sur le versant Ouest de la montagne qui domine le village de Saint-Blaise.

Kersantites et *Sélagites*. On a appliqué le nom de Kersantites à des roches vosgiennes que l'on a rapprochées de certaines roches de la Bretagne, désignées sous le nom de *Kersantons*.

Leurs caractères extérieurs, leurs propriétés physiques et leur constitution minéralogique les lient étroitement aux Diorites ; seulement l'élément amphibolique de ces derniers est remplacé dans les Kersantites par un *Mica* noir ferro-magnésien, qui s'associe en proportions variables au Feldspath oligoclase pour constituer la masse de la roche.

Les Kersantites s'observent à l'état de filons ou de masses enclavées dans les Granites et dans les Gneiss, dont elles sont en général assez nettement séparées et qu'elles ont souvent, dans ces cas, modifiés d'une manière plus ou moins manifeste vers les surfaces de contact.

Quelquefois cependant, il y a passage de l'une à l'autre roche sur une épaisseur de quelques décimètres.

Les masses de Kersantites sont traversées et parcourues dans toutes les directions par des veines irrégulières, plus ou moins épaisses et manifestement contemporaines, composées d'un Feldspath lamellaire blanc de lait ou légèrement verdâtre, qui ne diffère en rien de celui qui constitue le principal élément de la roche.

Ce *Feldspath*, généralement bien cristallisé, peut être considéré comme le spécimen le plus parfait d'*Oligoclase* qui se rencontre dans toutes les roches des Vosges. On le trouve même dans quelques druses en cristaux assez régulièrement conformés, dont la base, qui correspond au clivage principal, est traversée dans le sens de sa plus grande diagonale par les stries d'hémitropie. Ces stries s'observent aussi assez communément sur les faces de clivage des lames cristallines, qui sont en général douées d'un éclat vif, légèrement nacré.

Dans toutes les autres directions, la cassure de l'Oligoclase est irrégulière, terne ou céroïde. Quoique le Feldspath soit toujours très dominant dans les filons de la roche, il y est accompagné d'un peu de Quartz et de quelques lames de Mica noir, semblable à celui de la roche elle-même, mais plus largement développé. L'Amphibole s'y trouve plus rarement, mais on le rencontre assez communément, associé à d'autres minéraux, au voisinage de petites masses amygdaloïdes irrégulières, constituées par de la Chaux carbonatée blanche spathique et laminaire.

Le *Mica* qui constitue le second élément composant de la Kersantite, est noir et très éclatant. L'altération ternit cet éclat et change la couleur noire en une teinte brun sombre, avec reflets irisés. La composition de ce Mica est analogue à celle du Mica foncé des Granites et des Syénites, c'est-à-dire qu'il est, comme ce dernier, à base de Magnésie et d'Oxyde de fer.

La masse de la roche a généralement une couleur bleuâtre ou noir verdâtre qui lui est communiquée par le Mica. Tantôt elle est franchement cristalline et complètement phanérogène. Alors elle scintille à une vive lumière, et son aspect est analogue à celui d'un Diorite granitoïde. Par exemple, à Wissembach, au-dessus de la Hardalle commune d'Anould, au Rain des Genets côte du Bonhomme, etc. Tantôt au contraire, elle revêt une apparence tout-à-fait adélogène et semble constituée par une sorte de pâte gris bleuâtre ou gris verdâtre, dans laquelle se confondent ses éléments composants, réduits à un état de ténuité extrême et devenus indiscernables à l'œil nu. Ces dernières variétés se trouvent au pied du versant oriental de la côte de Sainte-Marie, à Saulx.

On voit aussi quelquefois dans la roche bien cristallisée et franchement phanérogène, les éléments bien développés, mais inégalement répartis, former des espèces de bandes ou couches, alternativement noires et blanches, disposées suivant des plans parallèles, sans que toutefois la structure de la masse devienne schistoïde.

La roche prend seulement alors l'apparence de certaines variétés de Gneiss ou Leptynites gneissiques. (La Hardalle, le Rain-des-Genets, Côte du Bonhomme.

Indépendamment du Feldspath oligoclase et du Mica qui forment les composants essentiels de la Kersantite, cette roche renferme communément une proportion plus ou moins notable d'*Amphibole*. Tantôt ce minéral est groupé au voisinage des veines feldspathiques, où il s'associe à d'autres substances et plus spécialement au Quartz, à l'Epidote, à la Chlorite verte, à la chaux carbonatée, tantôt il est disséminé dans la masse même de la roche, où sa ressemblance avec le Mica le rend assez difficile à distinguer.

On trouve encore dans les Kersantites, mais à titre de substances plus ou moins accidentelles, du Fer oxydulé, de la Pyrite commune, de la Pyrite magnétique et même de la Pyrite cuivreuse, de la Galène et de la Blende, du Grenat rouge, etc.

Enfin, dans l'un des filons exploités au pied du versant oriental de la Côte de Sainte-Marie, on trouve des druses et de petites géodes toutes tapissées de cristaux parfaitement développés de *Datholite*, minéral qui n'a été rencontré jusqu'ici dans aucune autre roche des Vosges.

Quoique le Mica semble au premier abord l'élément dominant de la masse des Kersantites, dont il détermine la couleur et les caractères extérieurs, sa proportion est cependant bien inférieure à celle du Feldspath, et les variétés les plus riches en contiennent à peine 30 % de leur poids.

On sait que le Feldspath oligoclase est doué d'une tenacité particulière, qu'il doit en partie à cette circonstance qu'il ne possède qu'un seul clivage. D'un autre côté la disposition du Mica en lamelles entrecroisées dans tous les sens, s'ajoute à cette tenacité, et concourt à donner à la masse de la roche une grande résistance au choc et à l'écrasement. Ces conditions permettent d'utiliser les Kersantites non seulement pour l'empierrement des chaussées, mais aussi pour la confection de pavés d'excellente qualité. (Villes de Saint-Dié et Sainte-Marie-aux-Mines.)

Sélagite (Diorite micacé, Micacite). La plupart des Kersantites contiennent de l'Amphibole, mais seulement à titre d'élément accessoire et très inégalement réparti dans la masse de la roche ; sa proportion relative y est d'ailleurs très minime. D'autre part, beaucoup de Diorites renferment une quantité plus ou moins notable de Mica, que sa couleur noire rend difficile à distinguer de l'Amphibole. Mais ces deux espèces de roches restent parfaitement distinctes l'une de l'autre, au point de vue de leur composition minéralogique spéciale.

On rencontre, près du village de Clefcy, une roche granitoïde que l'on a désignée sous le nom de *Diorite micacé* ou de *Micacite*, et qui peut être parfaitement rapportée à l'espèce sélagite d'Haüy. Cette roche a une constitution minéralogique qui représente à la fois celle du Diorite et celle de la Kersantite, car elle réunit les trois éléments composants de ces deux roches, savoir, le *Feldspath*, commun à l'une et à l'autre espèces, l'*Amphibole*, particulière au Diorite ; et le *Mica*, propre à la Kersantite.

Le *Feldspath* se distingue difficilement dans la masse, mais il y devient apparent par la calcination ou sur un échantillon poli. Sa proportion est même plus considérable qu'on ne pourrait le supposer, car elle surpasse celle du Mica, qui ne doit l'apparente prédominance qu'on est disposé à lui attribuer au simple aspect de la roche, qu'à sa division en lames minces, à la dispersion de celles-ci dans toutes les parties de la masse et au vif éclat dont elles sont douées.

Le Feldspath appartient par tous ses caractères au sixième type cristallin, et sa composition chimique le rapproche de l'*Oligoclase*, plus que de toute autre espèce. Il est en lamelles cristallines blanc verdâtre ou vert d'huile, avec un éclat gras ; il devient rouge de corail ou même rouge brunâtre par l'altération atmosphérique.

L'*Amphibole*, qui a une couleur verte bien prononcée, appartient cependant à la Hornblende. Elle est en cristaux aplatis et allongés, légèrement transparents, répartis assez régulièrement dans la masse de la roche dont ils sont en réalité l'élément dominant, quoique moins apparent que le Mica.

Le *Mica* est en lamelles minces, d'un beau noir avec reflets rougeâtres et très éclatants. L'altération le ternit et lui fait prendre une teinte brune ou brun jaunâtre. Il est à base de Magnésie et d'Oxyde de fer, comme celui des Kersantites et des Syénites, et possède comme lui deux axes de double réfraction très rapprochés l'un de l'autre. Il est intimement mélangé à l'Amphibole, dont il dissimule la présence ou tout au moins la grande proportion par son éclat vif, qui communique à la roche une scintillation particulière.

Les trois éléments composants de la *Sélagite* sont toujours cristallins, parfaitement distincts les uns des autres, et la roche n'a pas de pâte. Sa masse, entièrement phanérogène et granitoïde, est traversée dans tous les sens par des veines irrégulières, larges de quelques centimètres, dont la couleur blanche tranche vivement sur la teinte noire uniforme de la roche. Ces veines sont composées de Feldspath oligoclase semblable à celui de la masse, mais plus blanc et plus largement cristallisé, auquel s'associe une proportion notable de Quartz, qui ne se retrouve point dans la roche elle-même tant qu'elle conserve le type qui lui est propre. Il s'y trouve aussi quelquefois un peu d'Orthose, et ce minéral s'observe même dans les parties de la roche qui passent au Granite. Enfin du Mica, qui ne diffère de celui de la masse que par un plus large développement de ses lames.

La masse renferme de la Pyrite de fer et quelques autres minéraux accidentels.

La Sélagite est enclavée dans le Granite, et elle n'est pas toujours séparée nettement de la roche encaissante, à laquelle elle semble passer par degrés sur quelques points. Elle renferme alors du Quartz et des cristaux d'Orthose.

On l'exploite à Clefcy, près de Fraize, pour la marbrerie d'Epinal, où elle est sciée en tables ou employée à la confection de monuments funèbres. Mais l'abondance du Mica qu'elle renferme fait que son poli laisse beaucoup à désirer.

D) GROUPE PORPHYRIQUE

Parmi les roches que nous avons comprises dans les groupes précédents, il en est quelques-unes qui pourraient être attribuées au groupe porphyrique. Mais leurs liaisons étroites avec les Granites, les Syénites et les Diorites, auxquels elles se rattachent d'ailleurs par leur composition minéralogique, nous ont engagé à ne point la séparer de ces divers types, dont elles paraissent n'être que de simples dégradations ou des modalités particulières, déterminées par les conditions spéciales dans lesquelles s'est développée leur cristallisation. Nous ne classerons donc dans le *groupe porphyrique* que les roches éruptives à pâte adélogène qui n'ont point d'affinité apparente avec l'un ou l'autre de ces groupes principaux.

Dans le système des Vosges, les roches porphyriques qui appartiennent à la catégorie dont nous allons nous occuper, ne s'observent guère ailleurs que dans les terrains de transition, ou exceptionnellement à la partie inférieure des dépôts secondaires. On peut donc, sous un certain rapport, les considérer comme faisant partie intégrante de ces terrains ou de ces dépôts, et cela, avec d'autant plus de raison que leur gisement n'est pas la seule circonstance qui les y rattache. En effet, elles peuvent être considérées comme l'une des causes plus ou moins directes du métamorphisme des masses sédimentaires qui constituaient ces dépôts à l'état normal, où tout au moins du genre de transformation désigné sous le nom de métamorphisme de contact. Sur presque tous les points où les roches porphyriques se sont fait jour à travers les masses sédimentaires, elles ont altéré ou modifié d'une manière plus ou moins sensible les caractères et la constitution minéralogique de celles-ci, et dans quelques cas même elles les ont transformées à un tel point, qu'il serait difficile de déterminer si une partie donnée de la masse appartient à la roche sédimentaire modifiée ou à la roche éruptive elle-même.

D'un autre côté, les réactions exercées par les masses sédimentaires sur les roches porphyriques, ont souvent imprimé à celles-ci des caractères particuliers, et donné lieu à toute une série de dégradations minéralogiques, qui, s'écartant de plus en plus du type primitif ou normal, aboutit à ces spécimens ambigus, qu'il est à peu près impossible de classer avec certitude.

En résumé, les *roches porphyriques* appartiennent au terrain éruptif par leur origine et leurs caractères, par leur nature et leur constitution minéralogique ; mais, par leur gisement et leur âge, par leurs relations et leurs affinités géologiques spéciales, elles appartiennent aux anciens *dépôts sédimentaires* dans lesquels elles sont enclavées, et elles établissent en quelque sorte une liaison naturelle entre ces deux ordres de terrains.

Toutes les *roches porphyriques* appartiennent à la grande famille des *roches feldspathiques*.

Elles constituent trois catégories distinctes, savoir :

1° Celles qui sont à base d'*Orthose.*

2° Celles qui ont pour base un Feldspath anorthose qui se rapproche plus ou moins de l'*Albite* ou de l'*Oligoclase.*

3° Celles qui ont pour base ou pour élément spécial un Feldspath du groupe *labradorique* associé au *Pyroxène.*

A) Porphyre à base d'Orthose.

Porphyre feldspathique. (Porphyre argiloïde, Thonporphyr.) Il appartient spécialement au terrain du *Grès rouge*, et sa disposition dans certaines localités permet d'établir avec certitude que l'époque de son éruption est postérieure au dépôt et à la consolidation des couches les plus inférieures de ce terrain. En effet, non seulement il a fracturé et traversé ces couches, mais il s'est étalé à leur surface en nappes puissantes, qui sont elles-mêmes recouvertes par les dépôts les plus récents. (Vallée du Hasel, Oberhaslach, Niedeck.)

Il forme sur plusieurs points du système des masses puissantes et étendues, qui s'accusent généralement par un relief considérable, flanqué de pentes abruptes ou limité par des escarpements verticaux.

Il se trouve en outre en lambeaux isolés dans quelques localités où il présente quelques variations dans ses caractères et dans son aspect, sinon dans sa composition.

Il est généralement accompagné de *brêches porphyriques* et d'*Argilophyres*, quelquefois aussi associé à des *Arkoses* et à des *Anagénites*.

Il se compose d'une *pâte feldspathique*, enveloppant des cristaux d'*Orthose*, et assez généralement de grains de *Quartz hyalin*.

La *pâte* a une couleur assez variable, rouge brique, violacée, lilas, quelquefois rose ou même blanchâtre.

Elle n'est point uniforme dans une même masse, qui souvent présente des teintes bariolées et plus ou moins fondues les unes dans les autres (Saint-Michel).

Elle est plus ou moins homogène, généralement terne et mate, rude ou même terreuse, notamment dans les variétés qui passent à l'Argilophyre ; quelquefois cependant elle est fine, compacte et pétrosiliceuse, ou bien encore bréchiforme, celluleuse, etc. Indépendamment des cristaux d'Orthose et des grains de Quartz, elle contient souvent des parcelles ou des lamelles de Mica, plus ou moins altéré, gris verdâtre ou brunâtre. Elle est dure, tenace ; sa cassure est plate ou légèrement conchoïdale, esquilleuse dans les parties compactes et pétrosiliceuses.

Les cristaux d'*Orthose* sont peu volumineux et ont généralement peu de netteté. Ils sont blanc mat ou blanc sale, ternes, et paraissent plus ou moins altérés. Ils n'ont ni la dureté, ni l'éclat, ni le tissu lamelleux des cristaux de Feldspath, que renferment les Granites ou les Porphyres quartzifères qui font partie du groupe granitique dans certaines localités, à Brehimont, par exemple ; la pâte porphyrique renferme peu de cristaux de Feldspath et beaucoup de grains de Quartz vitreux. On observe souvent dans sa masse des

cavités dont les parois sont tapissées de cristaux de Quartz
hyalin très nets et tout à fait diaphanes. Aux Grandes-Plaines,
commune de Sainte-Marie, on trouve une variété de Porphyre
feldspathique composée d'une pâte pétrosiliceuse et homogène, rosée ou lilas clair, parsemée de petits grains de Quartz
vitreux et de quelques parcelles de Mica altéré. Cette pâte
renferme des *cristaux pseudomorphiques* très nets et parfaitement développés de *Stéatite* blanc verdâtre, modelés sur
des cristaux maclés d'Orthose dont ils occupent la place, ou
dont ils ne sont probablement qu'une simple transformation
chimique. Toutefois, au Haut du Phény, près Gérardmer, on
trouve un Porphyre feldspathique assez analogue à celui de
Sainte-Marie, et qui renferme à la fois des cristaux pseudo-
morphosés de Stéatite et des cristaux d'Orthose, qui n'ont
subi que le genre d'altération que présente habituellement ce
minéral dans les roches dont il est ici question.

B). Porphyres à base de Feldspath albitique.

Les Porphyres qui ont pour base un Feldspath anorthose
dont la constitution chimique se rapproche de celle de l'*Albite*
ou de l'*Oligoclase*, s'observent assez généralement dans la
partie la plus récente des terrains de transition. Ils varient
beaucoup dans leur aspect, dans leurs caractères et probablement dans leur composition. La plupart d'entre eux se
confondent avec les roches désignées sous le nom de *Porphyres bruns*.

Leur *pâte*, généralement adélogène, compacte ou même
pétrosiliceuse, est grisâtre ou verdâtre, ou bien rougeâtre ou
brune. Ces dernières teintes sont dues le plus souvent à la
rubéfaction, c'est-à-dire à un certain degré d'altération de la
masse. Elle est dure et plus ou moins tenace. Sa cassure est

tantôt inégale, tantôt plate et unie, quelquefois esquilleuse. On y distingue souvent des lamelles de Mica, plus rarement de la Hornblende, de l'Epidote et de la Chlorite.

Les *Cristaux* sont toujours de petites dimensions, amincis, irréguliers, ou même réduits à de simples lamelles cristallines, d'ailleurs peu abondantes dans la pâte. Ils ont une teinte gris verdâtre avec un éclat céroïde, ou bien ils sont blancs de lait, opalins ou blanc mat, ou bien enfin rouge de corail ou rouge de brique. Ces différentes teintes sont moins le résultat d'une diversité de composition que d'un degré plus ou moins avancé d'altération. Les surfaces de clivage, généralement assez nettes, quelquefois douées d'un éclat aussi vif que celui de l'Orthose, laissent voir d'une manière plus ou moins distincte les stries d'hémitropie du sixième type cristallin.

Dans les porphyres de quelques localités, ces cristaux paraissent se rapprocher de l'Albite (Saint-Jean).

Dans d'autres, ils sont plus voisins de l'Oligoclase (Schirmeck, minières de Framont, etc.). Du reste, j'ai déjà eu l'occasion de faire observer qu'il ne se trouve peut-être, dans aucune roche éruptive des Vosges, un spécimen de feldspath du sixième type cristallin qui puisse être rigoureusement rapporté à un ou à l'autre des types classiques désignés sous les noms d'*Albite*, *Oligoclase*, *Andésite*.

La composition chimique des Feldspaths de nos rochers, notamment la nature et les proportions relatives de leurs bases alcalines, les rapprochent plus ou moins de tel type considéré comme *espèce* distincte ; leur teneur en silice oscille d'ailleurs autour du chiffre admis dans la formule de cette même espèce; mais rien n'est plus rare que l'identité complète, si même elle existe réellement. On peut admettre, au contraire, que les Feldspaths des roches vosgiennes, abstraction faite de l'*Orthose*, constituent une sorte de série non interrompue de l'Albite au Labrador, et que leur composition chimique est susceptible de se modifier et de varier suivant les conditions particulières et la nature des milieux dans lesquels ils se sont développés. Je citerai seulement comme exemple la proportion considérable de chaux que renferment les cristaux et la pâte feldspathique du Porphyre qui traverse la masse calcaire de la grande carrière de Schirmeck.

Les *Porphyres bruns* proprement dits s'observent plus fréquemment dans les Vosges méridionales, où ils sont d'ailleurs plus nettement caractérisés que dans le reste du système.

On les rencontre surtout vers la base des ballons, aux environs du Puix, au Grand Gour, dans la vallée de Giromagny, aux environs de Faucogney, Ternuay, de Servance (Haute-Saône), de Niederbruck, de Vescemont (Haut-Rhin), etc.

Leur *pâte* habituellement rougeâtre ou brune, homogène ou quelquefois bréchiforme, renferme souvent, indépendamment des cristaux de Feldspath, des noyaux arrondis de Chaux carbonatée spathique, blanche, ou colorée en vert noirâtre par de la Chlorite. Ces nodules, alors mêmes qu'ils sont composés de Chaux carbonatée pure, sont généralement enveloppés d'une couche mince de Chlorite, qui les isole de la masse de la roche. Enfin il s'en trouve qui sont entièrement constitués par de la Chlorite écailleuse vert noirâtre, mélangée à de petits cristaux de Quartz hyalin, qui occupent la partie centrale du globule.

Dans la partie septentrionale des Vosges, les Porphyres bruns ou les roches qui s'en rapprochent par l'ensemble de leurs caractères ou par leur composition, s'observent principalement autour du massif du Champ-du-Feu, soit sur le versant alsacien, soit dans la vallée de la Bruche ou ses affluents. On les rencontre aussi aux environs de Saales et de Senones. Ils se confondent souvent avec les Porphyres syénitiques auxquels ils passent quand ils renferment de l'Amphibole et des cristaux d'Orthose.

Leur pâte rouge ou brunâtre, compacte ou cristalline, renferme souvent des nodules d'Epidote vert jaunâtre, du Mica brun, plus rarement des grains de Quartz. On y trouve aussi de la Pyrite et quelquefois même du Fer oxydulé magnéti-polaire (Voite-Basse à Wildersbach).

Les Porphyres à éléments albitiques, ou plus exactement à base de Feldspath anorthose, ne s'observent qu'en filons de peu d'étendue, et se rencontrent à peu près sur tous les points du système occupés par les dépôts sédimentaires que l'on rapporte généralement à la partie supérieure des terrains de transition, c'est-à-dire à l'étage dévonien ou à la base du carbonifère. Ils se rencontrent surtout vers la limite de la formation cristalline.

C) Porphyres Labradoriques.

Les roches comprises dans cette troisième catégorie appartiennent exclusivement au terrain de transition et ne se trouvent que dans la partie méridionale du système, celle qui constitue le massif principal des *ballons*, et plus spécialement les chaînons qui s'y rattachent.

Elles y forment sur quelques points des masses puissantes et d'une certaine étendue, mais plus généralement des pointements ou de simples accidents au milieu des dépôts sédimentaires, dans lesquels on les voit souvent se confondre et disparaître en se dégradant.

Elles peuvent se rapporter toutes à deux groupes assez distincts, savoir :

A) La *Pyroxénite*, l'*Ophilone* de Cordier, désignée aussi

sous le nom de *Porphyre pyroxénique*, et qui a pour type la belle roche de Ternuay.

B) Le *Mélaphire* ou *Porphyre noir*, qui a pour type la roche classique de Belfahy.

La *Pyroxénite*, lorsqu'elle est bien développée, comme à Ternuay, est une roche *phanérogène* ou entièrement cristalline, composée de deux éléments bien distincts, un Feldspath verdâtre, voisin du Labrador, auquel M. Delesse a donné le nom de *Vosgite*, et le *Pyroxène augite*.

Le *Feldspath vosgite* a une couleur blanc verdâtre ou vert clair, un éclat gras, une cassure céroïde, une texture lamelleuse. Il est translucide.

La surface de son clivage principal est souvent empreinte de stries fines et parallèles, caractérisant l'hémitropie du sixième type cristallin.

On l'observe rarement en cristaux réguliers; cependant on distingue quelquefois dans certaines parties de la roche dont la structure est largement développée, des espèces de prismes à six pans aplatis, composés des faces M T g [1].

Il est attaquable par les acides et fusible au chalumeau en un verre bulleux.

Le *Pyroxène* appartient à la variété connue sous le nom d'*Augite*, dont il a du reste la forme cristalline spéciale. Cependant sa couleur est celle de la *Fassaïte*, ou se rapproche de celle de l'Augite du Vésuve; il est vert d'asperge ou vert bouteille clair, translucide ou même quelquefois transparent. Ses quatre clivages rendent son tissu très lamelleux et ses cristaux très fragiles.

La masse de la roche, constituée par la réunion de ces deux éléments composants, présente l'aspect d'un *Diorite granitoïde*. Le ton de sa couleur est un beau vert clair, qui ressort parfaitement sur les surfaces polies ou même sur les cassures fraîches de la roche brute.

Indépendamment de ce type, dans lequel les deux éléments composants restent parfaitement distincts, il existe dans beaucoup de localités des variétés qui n'en sont que des modifications accidentelles ou des dégradations minéralogiques. Ainsi, dans les modalités qui s'en rapprochent le plus, le Feldspath cesse d'être distinctement cristallisé ; il forme une sorte de *pâte* plus ou moins homogène, d'un assez beau vert, dans laquelle sont enveloppés des lamelles ou des cristaux mal conformés de Pyroxène. On y voit aussi des veines de Feldspath pur plus ou moins cristallin. Cette variété pourrait être désignée sous le nom de *Porphyroïde*. On la rencontre à Saint-Bresson, à Saint-Barthélemy, à la Grève près Servance, seule ou accompagnant la variété *granitoïde* ; celle-ci est surtout bien développée à Ternuay, à Mélisey (Haute-Saône), à Oberbruck (Haut-Rhin), etc.

Dans d'autres localités, la modification ou l'altération du type primitif est plus prononcée. La pâte, gris verdâtre et grenue, renferme des lamelles et de petits cristaux de Feldspath vert d'huile et de petits grains de Pyroxène vert foncé. Mais souvent aussi, ce dernier minéral s'y trouve en cristaux volumineux et parfaitement développés, dont la forme est absolument semblable à celle de l'Augite des volcans.

C'est aussi dans ces variétés dégradées que s'observent d'ordinaire quelques minéraux accidentels qu'on ne rencontre que plus rarement dans les variétés cristallines.

Ils y sont généralement groupés ou réunis en veines, ou sous forme de petits noyaux dans lesquels ils sont disposés en couches ou zônes concentriques et toujours dans le même ordre de succession. Ce sont le Quartz, la Calcédoine, l'Epidote, la Chlorite verte, la Chaux carbonatée, et une Zéolithe, lamelleuse rougeâtre qui peut être la Heulandite.

Enfin, la série des roches qui se rattachent au type de la

Pyroxénite comprend encore des *Amygdaloïdes* et des *Brèches porphyriques.*

Les *Amygdaloïdes*, qui sont surtout bien développées aux environs de Faucogney, ont une pâte vert clair ou gris verdâtre, d'apparence homogène, mais dans laquelle on distingue encore à l'aide de la loupe de petites lamelles de Feldspath et des grains de Pyroxène vert foncé.

Cette *pâte* enveloppe des noyaux allongés irréguliers, et le plus souvent anguleux, composés de *Chaux carbonatée* blanche ou rose, généralement recouverte d'un mince enduit de *Chlorite* vert foncé. Elle renferme en outre quelques minéraux accidentels, et notamment de la *Pyrite magnétique* à laquelle la roche doit sans doute l'action très prononcée qu'elle exerce sur l'aiguille aimentée.

Les *Brèches porphyriques* sont composées de fragments irréguliers de Pyroxénite associés à des fragments de Mélaphyre, de Spilites, et même de roches petrosiliceuses. Elles offrent des nuances très variées dans lesquelles dominent le vert clair, le gris verdâtre, le vert foncé et le brun. Elles se confondent d'ailleurs avec les Brèches porphyriques et les Spilites brèches qui se rattachent plus spécialement au type du Mélaphyre.

Lorsqu'il est normalement développé, le *Mélaphyre* peut être considéré comme un spécimen parfait du genre des roches désignées sous le nom de *Porphyres*, car il présente d'une manière très nette les caractères génériques et la constitution minéralogique qui distinguent ce groupe naturel de toutes les autres roches éruptives.

En effet, il est constitué par une *pâte* homogène, enveloppant des *cristaux* qui, par leur couleur claire et leurs contours bien arrêtés, tranchent nettement sur la pâte noire, verdâtre ou brune qui fait la base de la roche.

Il offre la plus grande ressemblance avec le Porphyre grec connu des artistes sous le nom de *vert antique*, dont il se rapproche d'ailleurs par ses caractères minéralogiques et par sa composition chimique.

Les cristaux du Mélaphyre sont constitués par du *Feldspath Labrador*, qui toutefois diffère sous quelques rapports du minéral qui sert de type à cette espèce.

Leur forme générale est un parallélipipède obliquangle, aplati et allongé, dont les faces correspondent à celles de la forme primitive P M T, et comme ils ne portent aucune modification, leur section est un parallélogramme, plus ou moins régulier, dont les dimensions relatives varient suivant la direction dans laquelle s'est effectuée la coupe du cristal. Ces cristaux sont rarement isolés ; le plus souvent, au contraire, ils sont groupés avec une certaine régularité, et forment de petites séries composées de plusieurs cristaux empilés ou accolés par leurs larges surfaces et suivant le sens de leur longueur, ou bien ils affectent une disposition divergente ou radiée.

En outre, ces cristaux sont maclés, et chacun d'eux est constitué par plusieurs tranches hémitropes, dont les plans de jonction sont indiqués par des sillons parallèles tracés sur la surface du clivage principal. Sur les cristaux bien développés, ces sillons ne consistent pas seulement dans de simples stries, comme celles des plaques maclées d'Oligoclase ou d'Andésite ; ce sont de véritables gouttières ou *angles rentrants*, que l'on distingue parfaitement en faisant jouer la lumière alternativement sur les deux plans inclinés et convergents qui les constituent. Ces gouttières indiquent que les cristaux sur lesquels on les observe, sont formés de deux demi-cristaux, accouplés par leur plan d'hémitropie, et qu'ils ne sont pas constitués comme certains cristaux d'Albite ou d'Oligoclase par la réunion de simples lames hémitropes dont l'ensemble a pris la forme d'un cristal simple.

Les cristaux de Labrador ont une couleur blanc verdâtre ou vert clair, quelquefois grisâtre; l'altération atmosphérique leur donne une teinte rougeâtre. Ils ont un éclat gras comme tous les Feldspaths qui contiennent de l'eau en combinaison. Ils possèdent deux clivages qui correspondent aux faces P et g [1]. Le premier sur lequel s'observent les sillons d'hémitropie, consiste en une surface étroite, allongée, limitée latéralement par deux lignes parallèles et régulières; l'autre, qui représente une coupe des cristaux dans le sens de leur axe vertical, et parallèlement au plan dressé par la plus courte diagonale de la base, donne des surfaces plus larges et plus régulièrement limitées. Ces surfaces n'offrent jamais les reflets colorés qui donnent un caractère si remarquable de ce même clivage dans la pierre du Labrador. La cassure des cristaux est céroïde dans toutes les autres directions. Leur dureté est un peu inférieure à celle de l'Albite, mais leur densité est supérieure à celle de ce minéral.

Ils sont fusibles en verre bulleux et incolore.

La *pâte* des Mélaphyres, généralement homogène, grenue ou finement cristalline, a une couleur vert foncé, vert noirâtre ou noire, plus rarement violacée ou brune, quelquefois grisâtre. Dans ce dernier cas, elle a une texture plus grossière et moins parfaitement adélogène qui laisse facilement distinguer à la loupe les éléments dont elle se compose, c'est-à-dire des lamelles de Labrador gris verdâtre mélangées à des grains de Pyroxène vert foncé (descente du Ballon vers le Haut-Pont).

Elle est dure, tenace, résistante; sa cassure est inégale, quelquefois plate. Elle exerce une action généralement bien prononcée sur l'aiguille aimantée, mais plus développée dans les variétés noires ou vert foncé.

9

Elle est fusible en vert noirâtre.

On considère assez généralement la pâte des Mélaphyres comme constituée en grande partie par du Feldspath Labrador, qui forme environ les trois quarts de sa masse ; mais on a beaucoup discuté sur la nature du minéral auquel elle doit sa coloration : *Pyroxène* selon les uns, *Amphibole* selon d'autres. Je ne pense pas que cette coloration puisse être attribuée à un minéral défini, à une espèce quelconque qui se trouverait, dans la pâte du Mélaphyre, à l'état de simple mélange avec le Labrador. Ce cas existe peut-être exceptionnellement pour les variétés de couleur grise et franchement cristallines. Mais dans les variétés homogènes, de couleur vert foncé noir ou brun, c'est la pâte feldspathique elle-même qui est colorée par la présence dans sa masse d'une proportion variable d'un composé ferro-magnésien, intimement uni aux éléments normaux du Feldspath, dont il n'a pu se dégager pour former une combinaison à proportions définies ou une espèce distincte, parce que certains éléments indispensables à la constitution chimique de cette espèce faisaient sans doute défaut dans la masse.

En résumé, il faut peut-être considérer la pâte homogène des Mélaphyres, non pas comme un simple mélange de *Labrador* et de *Pyroxène*, mais comme l'équivalent de l'*Eau mère*, dans laquelle se sont développés les cristaux de Labrador et de Pyroxène qui se sont séparés de sa masse. Cette vue théorique est jusqu'à un certain point applicable à la composition de la pâte de la plupart des roches à structure porphyroïde, et même à celles de quelques roches adélogènes ou aphanitiques.

Pyroxène. Indépendamment des cristaux de Labrador, la pâte des Mélaphyres renferme constamment des grains plus ou moins volumineux, de petits noyaux ou des cristaux plus ou moins réguliers de *Pyroxène augite*.

Les cristaux, lorsqu'ils sont bien conformés, ont la forme habituelle à l'Augite du basalte ou des roches volcaniques, c'est-à-dire le prisme à six pans M M g [1], surmonté du biseau a [1]. Comme ils sont extrêmement fragiles, ils se brisent presque toujours sous le choc du marteau, et on n'en observe guère que la coupe, de forme hexagonale, à la surface des cassures de la roche.

Ce Pyroxène a une couleur vert foncé ou noire avec reflets verts; quelquefois il est vert clair, et dans ce cas, translucide et vitreux comme celui du Vésuve. Celui qui est de couleur noire ou vert noirâtre, a un tissu lamelleux, et ses clivages sont toujours très apparents.

Le Pyroxène est assez rare et peu apparent dans les Mélaphyres, types à pâte noire ou vert noirâtre et à grands cristaux de Labrador, tels que ceux de Plancher-les-Mines, Chevestraye, Belfaby. Il est beaucoup plus abondant et surtout plus apparent dans les variétés à pâte violacée et à petits cristaux de Labrador verdâtre, communs dans les environs du Puix, Rimbach, Massevaux, Dolleren. Mais c'est surtout dans les variétés dégradées qui établissent le passage du Mélaphyre au Spilite, que le Pyroxène est le plus abondant, et c'est là aussi que se trouvent les cristaux les plus volumineux et les plus régulièrement développés. (La Grève près Miélin, La Combe près Le Magny, Pont de Belonchamp, Vallée de Giromagny, etc.)

Le *Fer oxydulé* se trouve aussi en proportion plus ou moins sensible dans la pâte des Mélaphyres, et c'est sans nul doute à la présence de ce minéral que ces roches doivent leurs propriétés magnétiques. Il s'observe surtout dans les variétés à pâte vert foncé ou noir, dont l'action sur l'aiguille est toujours beaucoup plus énergique que celle des variétés brunes ou grises. Cette action est même presque nulle dans les pâtes grises, qui paraissent dépourvues de Fer oxydulé.

Certaines parties de la roche type de Belfahy, très riches d'ailleurs en cristaux de Labrador, renferment aussi une grande quantité de Fer oxydulé, en grains ou en petits cristaux octaèdres qui se distinguent parfaitement à l'aide de la loupe. Elles agissent très énergiquement sur l'aiguille aimantée.

Enfin la pâte des Mélaphyres renferme encore assez généralement quelques autres substances minérales, parmi lesquelles nous citerons plus spécialement ;

1° Une variété particulière de *Chlorite*, en petites écailles vert noirâtre ;

2° De l'*Epidote* vert pistache, à structure aciculaire ou fibreuse radiée ;

3° Du *Quartz hyalin* incolore ou laiteux ;

4° De la *Chaux carbonatée* cristalline, blanche ou rosée.

Ces minéraux occupent en général de petites cavités, de forme sphéroïdale ou irrégulièrement allongée, dont les dimensions sont très variables. Ils y sont quelquefois isolés, plus souvent associés deux à deux dans un certain ordre et suivant certaines affinités électives : le Quartz avec l'Epidote, la Chlorite avec la Chaux carbonatée. Quelquefois une seule et même cavité réunit toutes ces substances, groupées en zônes concentriques autour de l'une d'entre elles, qui sert de noyau : généralement la Chaux carbonatée, plus rarement le Quartz. La Chlorite constitue presque toujours la couche la plus superficielle. Ces associations appartiennent plus spécialement aux variétés dégradées du Mélaphyre et surtout aux Amygdaloïdes. Les minéraux qui les constituent sont même assez durs et toujours d'un très petit volume dans les variétés normales de la roche.

Les Mélaphyres proprement dits constituent une série très nombreuse de variétés dont les plus remarquables sont :

1° Les variétés à pâte homogène noire ou vert foncé et à grands cristaux groupés de Labrador blanc verdâtre qui peuvent être considérés comme le type de l'espèce (Belfahy, Plancher-les-Mines, Chevestraye).

2° Les variétés à pâte violacée ou brun rougeâtre, avec petits cristaux très nombreux de Labrador vert clair et nodules ou cristaux de Pyroxène vert foncé (Le Puix, Massevaux, Dolleren).

3° Celles à pâte verdâtre, avec petits cristaux de Labrador vert clair et Pyroxène vert noirâtre (Oberbruck, Rougemont, Rimbach).

Mais indépendamment de ces roches à structure porphyrique bien caractérisée, il en est quelques autres qui appartiennent évidemment au groupe du Mélaphyre et que l'on rencontre à peu près constamment associées aux premières, dont elles paraissent être les dégradations les plus avancées, et auxquelles elle se lient par leurs caractères minéralogiques aussi bien que par les conditions de leur gisement.

Ce sont les roches désignées sous les noms de *Spilites*, *Amygdaloïdes*, et *Porphyres brèches*.

Spilites. Amygdaloïdes. Les roches auxquelles M. Thirria a donné le nom de Spilites, ne sont en réalité qu'une variété particulière d'Amygdaloïdes, et ne peuvent guère être séparées de celles-ci.

Elles se composent d'une sorte de pâte cristalline ou grenue, noirâtre, verdâtre, violacée ou brune, quelquefois gris verdâtre, renfermant des grains ou de petits noyaux arrondis de Chaux carbonatée blanche ou rose.

La *pâte* ne diffère pas sensiblement de celle du Mélaphyre, dont elle possède à la fois les principaux caractères minéralogiques, les propriétés physiques et la composition chimique. Elle a une dureté moyenne, mais une tenacité assez grande. Sa cassure est inégale et raboteuse, sa texture, grenue ou lamelleuse ; examinée à la loupe, elle paraît constituée par de petites lamelles entrecroisées confusément et dans toutes les directions ; sa poussière a une couleur gris cendré clair. Elle a une action bien prononcée sur l'aiguille aimantée. Elle est assez facilement fusible en verre noirâtre.

Les *grains* ou *noyaux* de Chaux carbonatée ont une structure cristalline, laminaire, ou radiée, quelquefois lamellaire, saccharoïde ou grenue. Ils sont recouverts d'une couche mince de *Chlorite* verte. Leur volume varie depuis le diamètre d'une petite tête d'épingle jusqu'à celui d'un gros pois. Leur forme est en général assez régulièrement arrondie ou ovoïde, mais elle devient tout à fait irrégulière quand le noyau prend des proportions plus développées. Dans ce cas, la Chaux carbonatée est le plus souvent accompagnée d'autres substances, Chlorite, Épidote, Quartz, et la roche est désignée plus spécialement sous le nom d'*Amygdaloïde* (environs de Faucogney).

La Chaux carbonatée se trouve non seulement sous forme de nodules ou d'amendes dans la pâte des Spilites et des Amygdaloïdes, mais elle y forme aussi de petites veines minces, inégales, renflées sur quelques parties de leur trajet, qui traversent la masse dans des directions indéterminées. Les noyaux qui sont blancs ou incolores, largement cristallisés et à clivages brillants, sont composés de Chaux carbonatée pure ; ceux qui ont une teinte rose et une texture grenue ou saccharoïde, contiennent une certaine proportion de Carbonate de Manganèse.

Spilites celluleux. Dans les parties de la roche qui ont été exposées pendant longtemps à l'action des agents atmosphériques, la Chaux carbonatée a été dissoute et entraînée par les eaux pluviales, et les noyaux ont disparu pour faire place à des *cellules* ou *vaccuoles*, qui ne renferment plus qu'une petite quantité de matière argileuse ou de Manganèse pulvérulent, ou qui même sont souvent entièrement vides.

C'est à cette variété, devenue par altération celluleuse ou caverneuse, que l'on a appliqué plus spécialement le nom de *Spilite*. (Aux Epines-Blanches près Faucogney).

Spilite Mélaphyre. Les Spilites bien caractérisés renferment très rarement des cristaux distincts de Labrador ou de Pyroxène ; mais ces minéraux se trouvent abondamment répandus dans certaines variétés, qui, à raison de leur constitution minéralogique, peuvent être considérées comme intermédiaires aux Mélaphyres et aux Spilites, dont elles réunissent les principaux caractères, et que l'on peut désigner sous le nom de *Spilites Mélaphyres*.

Ces roches, que l'on rencontre à Belonchamp, à La Combe près Le Magny, au-dessus de Giromagny et dans quelques autres localités, ont une pâte vert foncé ou vert noirâtre, généralement assez homogène, dans laquelle se trouvent irrégulièrement disséminés des nodules sphéroïdaux de Chaux carbonatée blanche ou rose, recouverts de Chlorite verte, des cristaux plus ou moins conformés de *Labrador* céroïde, verdâtre ou vert bleuâtre, et des noyaux ou des cristaux déterminables de *Pyroxène* vert bouteille, translucides et vitreux, qui ont quelquefois plus d'un centimètre de diamètre.

Les Spilites Mélaphyres renferment en outre de petits noyaux d'*Epidote* vert jaunâtre, de la *Chlorite* verte, du *Fer oxydulé*, et des nodules de *Quartz* hyalin ou laiteux, ou de *Calcédoine* gris bleuâtre.

Porphyre brèche. Ces roches sont entièrement constituées par des fragments irréguliers et anguleux de Mélaphyres, de Spilites, et souvent aussi de roches pétrosiliceuses, liés entre eux par une substance feldspathique, d'aspect très variable, mais généralement de couleur verdâtre ou brunâtre, cristalline ou grenue. Cette sorte de pâte ou de ciment renferme souvent des cristaux de Labrador, et il arrive quelquefois que ceux-ci sont engagés partie dans les fragments porphyriques, et partie dans la pâte feldspathique qui les réunit.

Les brèches sont quelquefois à très grands éléments et d'autrefois composées de petits fragments dont l'assemblage présente un aspect assez bizarre par la diversité de ses couleurs et la variété des éléments qui en font partie. On y distingue des Mélaphyres de diverses nuances, avec cristaux de Labrador et Pyroxène, des Spilites avec nodules de Chaux carbonatée, des Spilites celluleux ou caverneux, des Amygdaloïdes, des Porphyres, etc.

Certaines variétés sont entièrement composées de fragments de Spilites et d'Amygdaloïdes, réunis par une pâte verdâtre brune ou rougeâtre. On peut les désigner sous le nom de *Spilites brèche* (environs de Servance et de Faucogney, vallée de la Doller, Séeven).

Les Mélaphyres, les Porphyres brèches et la roche pyroxénique de Ternuay ont été autrefois exploités et travaillés dans plusieurs localités pour servir à l'ornementation et pour la confection d'objets d'art, tels que vases, coupes, socles. Ces objets sont du plus bel effet lorsqu'ils ont reçu le poli qui fait ressortir la richesse de leurs nuances.

En terminant cet article sur les roches labradoriques et plus particulièrement sur les Mélaphyres, je ne puis me dispenser de mentionner l'opinion de quelques géologues qui rejettent la nature éruptive de ces roches et qui les considèrent comme le résultat d'un *Métamorphisme spécial* des *Grès* et *Schistes* de *Grauwacke*. Il me serait impossible de résumer ici les arguments qui servent de base à cette opinion; je me borne donc à déclarer que l'examen des faits cités à l'appui ne m'a pas plus convaincu que l'étude des roches elles-mêmes.

Il me paraît au moins aussi difficile d'indiquer pourquoi le métamorphisme spécial qui a eu pour résultat le développement du *Labrador* et du *Pyroxène*, est resté l'apanage exclusif des Grauwackes d'une certaine contrée, quand les Grauwackes analogues de toutes les autres parties du système ne présentent aucune trace de ces minéraux, que d'expliquer l'espèce de préférence élective des Mélaphyres et autres roches labradoriques pour cette même partie des terrains de transition.

GROUPE SERPENTINEUX

Dans le système des Vosges, ce groupe de roches éruptives n'est représenté que par deux types ou espèces, savoir :

La *Serpentine* et l'*Euphotide*.

A) Serpentine.

Cette roche s'observe dans un grand nombre de localités situées pour la plupart dans la région qui s'étend au Sud-Ouest de la partie centrale du massif vosgien.

Elle y forme des masses plus ou moins puissantes, enclavées dans le terrain gneissique ou dans le Granite, et exceptionnellement sur la limite qui sépare les terrains cristallins des dépôts schisteux de transition. Dans ce dernier gisement elle est associée à l'Euphotide, et l'on peut même y observer le passage d'une de ces roches à l'autre (Odern).

La *Serpentine* diffère de toutes les autres roches éruptives des Vosges par sa composition spéciale, et notamment par cette circonstance particulière, qu'elle ne renferme point de *Feldspath*.

Elle est constituée essentiellement par une *pâte* adélogène, désignée sous le nom de *Serpentine commune*, qui peut être considérée comme un hydrosilicate de Magnésie, mélangé d'une proportion variable d'oxyde de Fer et d'oxyde de Chrôme, qui lui communiquent les teintes variées qui la caractérisent. Les plus communes de ces teintes sont le vert foncé, le vert noirâtre, le brun foncé, le brun marron et le rouge brun. Elles sont rarement uniformes dans une même masse; presque toujours au contraire, elles se mélangent en se confondant, ou bien elles forment des zônes ou bandes irrégulières qui alternent ou s'entrecroisent dans toutes les directions.

C'est même à ce mélange et à cette variété de nuances que la roche doit son nom de *Serpentine* ou *Ophiolite*, parce qu'on lui a trouvé de l'analogie avec la peau de quelques serpents. Cette *pâte*, qui forme la masse de la roche, est souvent traversée par de petits filons ou des veines ramifiées qui forment une sorte de réseau plus ou moins compliqué, et qui sont constituées par diverses substances dont les principales sont :

1° La *Serpentine noble*, substance fine et homogène, céroïde, translucide, à cassure esquilleuse, de couleur vert clair ou vert d'herbe, vert jaunâtre, jaune de cire, rouge de cinabre par altération.

2° Le *Chrysotil*, substance blanche ou vert clair, soyeuse et asbestiforme, qui a la même composition que la Serpentine noble, dont elle ne paraît différer que par ses caractères extérieurs et son mode particulier d'agrégation.

Les fibres dont il se compose sont régulières, parallèles

et accolées ou soudées les unes aux autres. Leur direction est perpendiculaire à celle de la veine elle-même, et celle-ci est quelquefois séparée par un ou plusieurs milieux de Serpentine noble, compacte ou fibreuse, mais dans un sens opposé à celui des fibres de Chrysotil. Ces fibres ont un éclat soyeux et nacré. Isolées, elles sont blanches ; en masse et réunies, elles sont souvent d'un beau vert clair.

3° La *Chaux carbonatée*, blanche, translucide, nacrée, quelquefois disposée comme le Chrysotil en fibres accolées et aplaties, dont la direction est perpendiculaire à l'épaisseur des veines. Ces veines, comme celles du Chrysotil, sont souvent divisées, bifurquées ou ramifiées.

La pâte de la Serpentine renferme en outre dans sa masse, des substances minérales assez nombreuses, dont quelques-unes s'observent très fréquemment. Ce sont :

A) Un *Grenat* qui peut être considéré comme une variété particulière, à raison de ses caractères minéralogiques et de sa composition spéciale.

Il n'est point cristallisé et ne s'observe que sous forme de nodules irrégulièrement arrondis et concrétionnés, de couleur rouge de chair ou verdâtre. Il n'a ni la dureté ni l'éclat du Grenat cristallisé. Celui qui a une couleur verdâtre et qui est presque toujours intimement mélangé de Chlorite, est encore moins dur que la variété rouge.

Sa base principale est la *Magnésie*, et il en renferme une plus grande proportion qu'aucune autre espèce de Grenat.

Les nodules ne peuvent être que très difficilement détachés de la pâte qui les enveloppe, et de laquelle ils ne sont même pas séparés d'une manière très nette. Ils sont souvent recouverts d'une couche plus ou moins distincte de Chlorite gris-verdâtre, dont les lamelles ont une disposition radiée. Comme ils sont beaucoup plus durs que la pâte, et comme ils offrent aussi beaucoup plus de résistance à l'action des agents atmosphériques, la corrosion de la roche les isole et les laisse en saillie à la surface, sur laquelle ils forment des espèces de verrues, qui donnent aux blocs de Serpentine un cachet tout à fait spécial. (Cleurie, Champdray, Le Tholy, Liézey, Narouel, La Mousse, etc.)

B) La *Diallage*, en lamelles cristallines ou en petis cristaux allongés et prismatiques, de couleur vert olive, vert clair ou vert émeraude comme la Smaragdite. Elle est quelquefois disséminée dans la pâte, mais le plus souvent elle forme de petites agglomérations dans lesquelles ses cristaux sont entrecroisés et réticulés, ou bien des espèces de veines irrégulières qui ne sont pas nettement séparées de la pâte dans laquelle elles se fondent insensiblement. (Au Tholy, au Houx, aux Xettes, aux Arrentès, à Naymont.)

C) La *Chlorite*, en petites lamelles vert foncé ou gris verdâtre, tantôt réunies en veines irrégulières qui se perdent dans la pâte, tantôt agglomérées en nodules arrondis dans lesquels elles affectent une disposition réticulée vers le centre et radiée vers la circonférence. Ces nodules, qui résistent mieux à la décomposition que la masse de la roche, restent, comme ceux du grenat, en saillie à la surface (col du Pertuis de Liézey).

On voit aussi la Chlorite tapisser des fissures à la surface desquelles ses lamelles sont implantées normalement à leur direction. Enfin, elle forme souvent une sorte d'enveloppe ou d'auréole radiée autour des noyaux de grenat et pénètre même dans l'intérieur de ceux-ci, où on la trouve intimément mélangée avec la substance même du grenat, qu'elle semble avoir en partie remplacée par l'effet d'une véritable transformation pseudomorphique. (Aux Xettes de Gérardmer, au Tholy, à Liézey, aux Arrentès.)

D) Le *Fer chromé* en petits grains cristallins, gris d'acier et brillants, disséminés dans la pâte de la roche, et souvent même dans les nodules grenatiques.

Une variété de Serpentine, vert clair, vert jaunâtre ou grisâtre, plus ou moins altérée et fissurée, que l'on trouve au Goujot, est particulièrement riche en *Fer chromé* dont les grains peuvent quelquefois atteindre ou surpasser le volume d'un pois. Cette Serpentine offre d'ailleurs une analogie frappante avec celle de Harford, aux Etats-Unis, qui sert de gangue au Fer chrômé et dont on voit des échantillons dans toutes les collections.

On trouve aussi, mais beaucoup plus rarement, dans la pâte des Serpentines :

A) Du *Fer oxydulé*, du *Fer sulfuré*, et même du *Fer oligiste* (Col de Bagenelles).

B) Du *Mica*. Ce minéral, extrêmement rare dans la Serpentine de toutes les autres localités, se trouve au contraire très abondamment répandu dans une Serpentine vert noirâtre du Rauenthal, près Saint-Pierre-Surlatte. Ses lamelles blanc d'argent avec éclat métallique, sont disposées suivant des plans parallèles, ce qui donne à la roche une structure pseudo-schistoïde. Ce Mica, plus ou moins altéré, est très riche en Magnésie.

On trouve aussi quelques lames de Mica brun dans la Serpentine de la Basse de la Mine des Xettes, dans celles du Bonhomme, de la Charme de Tendon, etc.

C) De la *Dolomie*, en petites masses cristallines blanches avec éclat perlé, et en cristaux thomboédriques bien conformés, dans la Serpentine noble vert jaunâtre et céroïde du Goujot à Eloyes, et en petits rhomboèdres groupés, gris jaunâtres aux Xettes de Gérardmer.

D) De l'*Hydrocarbonate de Magnésie*, en petites veines

blanches, composées de fibres soyeuses, et de la *Brucite* (?) en lamelles blanches et nacrées, dans la Serpentine des Xettes de Gérardmer.

E) Enfin, tout-à-fait accidentellement du *Quartz*, de l'*Asbeste* et du *Talc*.

Parmi ces substances, les unes sont évidemment contemporaines de la Serpentine elle-même, d'autres paraissent être de formation postérieure. Le Grenat, la Diallage, le Mica, le Fer chrômé, etc., appartiennent à la première catégorie.

La seconde comprend la Serpentine noble et le Chrysotil, qui ne sont probablement que des produits de secrétion de la masse serpentineuse ; la Chlorite et les substances magnésiennes hydratées, qui peuvent être attribuées à une transformation chimique de certains éléments de la roche ; la Chaux carbonatée, qui est venue remplir des fissures accidentelles de la masse, etc.

Quelques-unes de ces substances, disposées en veines ou en filons, coupent la masse dans toutes les directions, et constituent, par leurs ramifications et leur entrecroisement, une sorte de réseau dont les couleurs claires et variées ressortent vivement sur les teintes sombres de la pâte, et contribuent à donner à la Serpentine cette diversité d'aspect et cette richesse de tons qui la font rechercher pour l'ornementation.

Les Serpentines des Vosges sont exploitées pour la marbrerie (au Goujot). Elles sont d'un assez bel effet, et susceptibles de recevoir un très beau poli ; mais elles manquent en général de solidité, à cause des nombreuses fissures qui les traversent.

Elles sont aussi utilisées pour l'extraction de la Magnésie dont elles contiennent près de 40 % de leur poids.

B) Euphotide.

Cette roche, beaucoup moins répandue dans les Vosges que la Serpentine, n'a été rencontrée jusqu'ici que dans deux ou trois localités, groupées autour du bassin de la Thur. Elle y est associée à la Serpentine et placée comme elle dans le Schiste de transition, à la limite extrême du terrain granitique.

L'*Euphotide* se compose de deux éléments essentiels : *Feldspath* et *Diallage*.

Le Feldspath appartient à la variété que Haüy avait désignée sous le nom de Feldspath tenace, et qui a été autrefois confondue avec d'autres espèces minérales sous le nom de *Jade* (de Saussure). Il a une couleur blanc verdâtre ou blanc grisâtre, un éclat gras et céroïde. Sa cassure est esquilleuse. Il possède une grande tenacité et se clive avec une difficulté extrême. Cependant, dans certaines parties de la roche où il se trouve être l'élément dominant, sa texture devient assez distinctement lamelleuse, et on peut y observer deux clivages, dont le principal, qui est assez net et qui détermine la séparation des lames cristallines, laisse quelquefois distinguer, à l'aide de la loupe, les stries caractéristiques de l'hémitropie du sixième type cristallin.

La composition chimique de ce Feldspath le rapproche à la fois de l'Oligoclase et du Labrador. Toutefois, il est plus riche en Silice que ce dernier, et renferme aussi plus d'eau de combinaison. Enfin, il contient des proportions presque égales de Soude et de Potasse. En réalité, il doit être considéré comme constituant une variété spéciale dans le groupe des minéraux feldspathiques qui font partie constituante de nos roches.

La *Diallage* est en petites masses, composées de lames cristallines bien développées, offrant un clivage très net, et plusieurs autres clivages plus ou moins faciles, suivant les directions qui correspondent à peu près à celles des clivages de l'Amphibole et du Pyroxène. Cette circonstance rapproche la Diallage de l'Euphotide des Vosges, de la variété de Pyroxène désignée sous le nom d'*Ouralite*. Sa couleur est le vert olive plus ou moins foncé et le gris verdâtre. La surface du clivage principal a souvent des reflets nacrés ou chatoyants.

La proportion relative des deux éléments composants de l'Euphotide est susceptible de grandes variations. Dans certaines parties de la roche, c'est le Feldspath qui domine, et alors ce minéral a une couleur blanc grisâtre clair et une texture cristalline assez prononcée. Dans d'autres, au contraire, c'est la Diallage, et dans ce cas le Feldspath de couleur verdâtre est complètement céroïde, prend l'aspect d'une sorte de pâte qui remplit les intervalles que laissent entre eux les faisceaux de Diallage.

D'ailleurs, la répartition du Feldspath et de la Diallage dans la masse de la roche est rarement uniforme et régulière sur une certaine étendue, et, dans l'Euphotide comme dans le Diorite, on peut observer sur un seul et même bloc plusieurs combinaisons différentes de ces deux éléments constituants.

L'Euphotide renferme en outre, à titre d'éléments acessoires ou accidentels, du *Fer chrômé* en grains et en petits nodules cristallins, gris d'acier et brillants, qui s'observent surtout dans les parties de la roche riche en diallage.

Du *Fer oxydulé* (?) de la *Pyrite commune* et de la *Pyrite magnétique*, de l'*Epidote*, du Quartz, de la *Serpentine* en petites veines et en petits nids, qui est même assez commune à Odern au voisinage de la masse serpentineuse. Enfin, mais beaucoup plus rarement du Talc, de l'Albite, de l'Asbeste et de l'Axinite brunâtre. Le gisement le plus connu de l'Euphotide dans les Vosges est celui d'Odern, mais on trouve aussi cette roche au sommet du Drumont au Thalhorn près de Felleringen.

On a essayé de tirer parti de l'Euphotide d'Odern pour la marbrerie, et elle a été sciée en tables, qui sont susceptibles de recevoir un assez beau poli, mais qui sont généralement d'un effet médiocre.

2° FORMATIONS SÉDIMENTAIRES

TERRAINS DE TRANSITION

Tous ceux qui ont observé avec attention les *roches* si nombreuses et si variées qui constituent le terrain de transition des Vosges, soit à titre d'éléments essentiels et normaux, soit comme productions accidentelles, ont dû être amenés à reconnaître que toutes ces roches peuvent être réparties dans *trois groupes*, qui paraissent assez distincts l'un de l'autre, si on les envisage dans leur ensemble, mais dont pourtant il serait difficile de fixer rigoureusement les limites respectives, tant sous le rapport minéralogique qu'au point de vue géologique.

(1er Groupe. — ROCHES SÉDIMENTAIRES

A) Roches formées par voie de dépôt mécanique.

Le premier de ces groupes se compose des roches dont la nature et l'origine *sédimentaires* ne peuvent être l'objet d'aucun douté, et qui ont conservé les caractères minéralogiques et géologiques propres aux terrains de dépôt ou de sédimentation. Elles sont nombreuses et assez variées quant à leurs caractères et à leur composition, suivant les contrées ou les localités dans lesquelles on les observe ; cependant on peut les rapporter à peu près toutes à *trois types* principaux, qui empruntent leurs caractères distinctifs au degré plus ou moins avancé de division des matériaux, qui leur servent d'éléments constituants. Ces trois types sont :

A) Les *Schistes* ;

B) Les *Grès* ;

C) Les *Conglomérats.*

Toutes ces roches, exclusivement formées par voie de dépôt mécanique, sont composées d'éléments divers, plus ou moins fins ou plus ou moins grossiers, provenant de la destruction des roches plus anciennes, propres ou non à la contrée et dont la plupart faisaient originairement partie des terrains cristallins.

Dans le bassin de la Bruche, on rencontre en outre quelques masses lenticulaires de calcaires enclavées dans les Schistes et les Grauwackes, dont elles paraissent ne constituer qu'un simple accident local.

Elles sont formées par voie de sédimentation chimique.

La disposition stratiforme est restée plus ou moins apparente dans la plupart des roches conglomérées qui font partie du terrain de transition, mais en général, les plans des couches s'observent rarement dans leur postition primitive.

Dans la partie méridionale du système, les Grauwackes et les Schistes subordonnés renferment des débris organiques assez nombreux, appartenant exclusivement au règne végétal. Les savantes recherches de M. Schimper nous ont fait connaître ces fossiles intéressants, qui consistent en troncs,

tiges, rameaux et feuilles de végétaux Équisétacés, Lycopo-
diacés et Filicinés, et qui se rapportent aux genres : Calamites, Stigmaria, Ancistrophyllum, Knorria, Didymophyl-
lum, Sagenaria, Cyclopteris et Sphenopteris ; on y observe
en outre quelques vestiges de bois de Conifères, appartenant
au genre Dadoxylum ou Araucarites.

Parmi ces végétaux, ceux qui sont représentés par des
troncs, se trouvent généralement dans les Grès ou les variétés plus ou moins grossières de Grauwacke arénacée. Ils y
sont disposés sous aucun ordre, le plus souvent fracturés et
divisés au tronçon, séparés les uns des autres par la substance même de la roche. Cette substance remplit aussi leur
intérieur, où elle remplace la partie ligneuse, tandis que la
partie qui correspond anx couches corticales est transformée
en charbon. La surface extérieure de ces couches, généralement assez bien conservée, permet de distinguer la forme et
la disposition des cicatrices, correspondant à l'insertion des
feuilles.

Les débris de rameaux, les feuilles de Lépidodendrées, les
frondes de Fougères, etc., se trouvent, au contraire, dans
les couches schisteuses à pâte fine, où ils présentent souvent
une assez belle conservation, et ils y sont disposés régulièrement dans le sens de la schistosité des couches.

Dans la région septentrionale, les fossiles végétaux manquent à peu près complètement, mais les Calcaires du bassin
de la Bruche sont tout remplis de débris de Polypiers et de
fragments de tiges de Crinoïdes.

Des vestiges plus ou moins bien conservés de ces mêmes
fossiles, se retrouvent dans certaines roches arénacées et
conglomérées de la même contrée, et jusque dans des lambeaux englobés au milieu des masses éruptives, où leur présence est presque le seul indice qui témoigne de l'origine et

de la véritable nature des roches qui les renferme. (Rothau, Petit-Donon).

Nous allons maintenant indiquer sommairement la composition élémentaire et les caractères minéralogiques les plus saillants des principales variétés de roches, comprises dans chacun des trois groupes que nous avons désignés sous les noms collectifs de *Schistes*, *Grès* et *Conglomérats*, et qui représentent toutes les *roches normales* du terrain de transition des Vosges.

A) Schistes.

Les éléments constituants de ces roches, réduits à des particules très atténuées, ne se distinguent généralement pas à l'œil nu. Ce n'est qu'à l'aide d'un grossissement plus ou moins considérable qu'ils deviennent apparents, et que l'on peut y reconnaître des particules *quartzeuses* ou *feldspathiques*, intimement mélangées avec une matière *argileuse*, et une proportion variable de parcelles de *Mica*. Ces dernières, généralement orientées dans une même direction et disposées à plat suivant des plans parallèles, constituent la principale condition physique de la *schistosité* des masses, c'est-à-dire de leur division en feuillet, en lames ou en tranches plus ou moins minces, régulièrement superposées ; dispositions qui déterminent le caractère le plus saillant de ce genre de roches.

Les principales variétés de Schistes sont :

1° Les *Schistes argileux*. Constitués par une sorte de pâte argileuse, mate, tendre, douce au toucher, à contexture feuilletée, dont la surface des lames est souvent parsemée de fines particules de Mica.

Ces Schistes sont gris verdâtres, vert clair, violacés ou lie de vin, et présentent souvent des reflets satinés.

Indépendamment de leur division en feuillets, ils possèdent

une schistosité en grand, parallèle au plan des feuillets, et les couches plus ou moins épaisses comprises entre ces joints naturels, se divisent transversalement en tranches pseudo-régulières, dont la disposition générale est celle d'un parallè-lipipède obliquangle.

Ils sont souvent coupés perpendiculairement à la schisto-sité par des veines minces de Quartz blanc ou grisâtre; quel-quefois aussi, le Quartz y forme des couches minces inter-posées entre les lames et parallèles à la schistosité. (Urbeiss, Base du Climont.)

Dans quelques localités, les couches présentent des ondu-lations, des contournements variés et surtout un *plissement* très remarquable, dont la coupe représente une sorte de *zig-zag* ou une ligne interrompue par des brisures angulaires alternatives qui peuvent se répéter plusieurs fois dans la lon-gueur d'un décimètre. Ces brisures ou ces plissements ap-partiennent toujours à des surfaces développables, ce qui in-dique que les couches ont dû être primitivement planes à l'époque de leur dépôt et que leur plissement doit être attri-bué à l'effet d'une pression latérale qui s'est exercée paral-lèlement au plan de leur surface, avant leur entière consoli-dation (Ungersberg).

Les Schistes argileux des Vosges ne renferment aucun in-dice de débris organisés fossiles.

Ils ne contiennent pas non plus de substances minérales étrangères, si ce n'est un peu de Feldspath, qui s'associe ac-cidentellement au Quartz des filons. Dans quelques localités du Val de Villé, et à Biarville, on y trouve cependant des cristaux mal conformés et prismatoïdes, en partie confondus avec la pâte, que l'on considère commes des *macles* à l'état rudimentaire.

Les Schistes argileux sont particulièrement développés autour de la Base du Climont et du Ungersberg, à la Salcée, à la descente de Bertenbach et dans la plus grande partie du Val de Villé. On les observe aussi en lambeaux accidentels sur plusieurs points. (La Voivre, Bourmont).

2° *Les Schistes ardoisiers* ou *Phyllades.* Cette roche est beaucoup moins répandue dans les Vosges que la précédente, dont elle paraît ne constituer qu'une variété locale ou accidentelle. Elle en diffère cependant par quelques caractères assez appréciables. Elle est plus dure, plus consistante, moins sujette à se déliter. Quoique très fissile, ses feuillets sont moins minces, et leur surface, toujours plane, est recouverte d'un léger enduit de Mica. Elle est sonore à la percussion, sa couleur est le gris verdâtre ou violacé. Elle ne renferme ni fossiles, ni minéraux accidentels. Son gisement le plus connu est à la Crache et à la Base du Donon. On a cherché à utiliser ce Schiste pour la confection des ardoises, destinées à la couverture des bâtiments; mais l'exploitation a été abandonnée, tant à cause du prix élevé qu'à raison de la qualité assez médiocre du produit.

3° Le *Schiste commun.* Il varie beaucoup selon les localités, et, d'après ses caractères extérieurs et sa composition, on le désigne sous les noms de *Schiste commun, Schiste grossier, Schiste de Grauwacke.*

Ses teintes les plus communes sont le gris verdâtre, le gris foncé, le brun rougeâtre et le noir. Il est généralement beaucoup moins fissile que les variétés précédentes; le plus souvent, il ne se divise point en feuillets minces, mais seulement en lames plus ou moins épaisses, ou même il ne possède que la *schistosité en grand.*

La matière dont il se compose, est tantôt fine et d'apparence homogène, tantôt grenue ou même grossière, et dans ce cas laissant distinguer à l'œil nu ses éléments constituants, dans lesquels se trouvent généralement le Feldspath, le Mica, le Quartz laiteux ou grisâtre, mélangés à une proportion variable de matière argileuse verdâtre, rougeâtre, brune ou noire, qui donne sa couleur à toute la masse.

Les variétés de couleur noire doivent le plus souvent cette teinte à une certaine quantité de matière charbonneuse ou bitumineuse, et elles sont quelquefois fossilifères.

Ces Schistes sont assez souvent contournés ou ondulés, mais jamais on n'y observe de plissements. Les masses présentent des joints qui coupent obliquement les plans de schistosité, et divisent les couches en fragments pseudo-réguliers, parallélipipèdiques. La surface de ces joints est généralement recouverte d'un enduit mince d'oxyde de Fer argileux ou d'oxyde de Manganèse à teintes violacées ou bleuâtres.

Dans quelques localités du Midi des Vosges, les Schistes communs et les Schistes de Grauwacke renferment des débris de végétaux, recouverts d'un mince enduit charbonneux. (Côte de Bussang.)

Les Schistes de Grauwacke passent quelquefois insensiblement aux Grès de Grauwacke, en perdant par degrés leur schistosité, en même temps que leur pâte prend une contexture plus grossière et plus franchement arénacée. Mais le plus souvent on les voit alterner sans aucune transition avec les Grès ou même avec les Conglomérats, de telle sorte que des assises, plus ou moins épaisses de ces derniers, sont séparées par des couches schisteuses dont les feuillets ont généralement une direction parallèle à celle des joints de séparation. Toutefois ce parallélisme peut aussi ne pas exister. (Vallée de Senones.)

Mais ce que ces alternances offrent de plus remarquable, c'est que, dans les variétés modifiées, il arrive souvent que les

Grès et Conglomérats ont subi un métamorphisme plus ou moins avancé, tandis que les couches de Schistes intercalées n'en présentent pas de traces appréciables et sont restées à l'état normal. (Environs de Thann et de Bitschwiller.)\

B) **Grès.**

Les Grès qui font partie du terrain de transition, sont généralement désignés sous la dénomination allemande de *Grauwackes.*

Ce sont des roches d'apparence plus ou moins arénacée et de composition assez variable. Toutefois, les éléments dont ils sont formés consistent toujours en matériaux détritiques plus ou moins atténués, provenant de la désagrégation des anciennes roches de la contrée, et plus spécialement des Granites et des Gneiss, plus rarement des Porphyres ou Petrosilex, ou même de certains Schistes quartzeux. On y distingue donc du Feldspath, du Quartz et du Mica, des débris de Porphyres pétrosiliceux, de Phtanites, etc., mélangés en proportions variables et unis entre eux d'une manière plus ou moins intime.

La couleur des Grauwackes est assez variable. Généralement elles sont grises, gris verdâtres ou jaunâtres. Leur grain est tantôt fin et tantôt grossier. Dans le premier cas elle prend assez ordinairement une structure schistoïde ; dans le second, elle passe au Conglomérat.

Quelques variétés à grains moyens, dans lesquelles les éléments composants sont répartis avec une certaine uniformité, ont une apparence qui se rapproche de celle du Granite.

Les masses se divisent en couches plus ou moins épaisses parallèlement aux plans de la stratification, qui souvent est assez peu apparente. Les couches elles-mêmes sont coupées par des joints très nombreux, qui les divisent en blocs irrégulièrement prismatiques et souvent en fragments de petite dimension. Cette division est quelquefois si prononcée, que la roche se sépare sous le moindre choc en une multitude de petits fragments anguleux et prismatoïdes. La surface des joints est recouverte d'un enduit argilo-ferrugineux brun, rougeâtre, violacé ou bleuâtre.

Les Grauwackes résistent assez bien à la décomposition ; leur dureté n'est pas très grande ; mais elles sont en général résistantes et tenaces.

La nature et les proportions relatives des divers éléments dont se composent les Grès de transition, offrent de grandes variations selon les circonstances ou les localités. Tantôt c'est l'élément feldspathique qui domine dans la masse, et certaines variétés paraissent même presque entièrement composées de Feldspath (Thann, Uffholtz, etc.) ; tantôt le Quartz s'associe au Feldspath dans une proportion plus ou moins considérable et peut même à son tour devenir le principe dominant de la roche. Dans ce cas, celle-ci se rapproche d'un Grès siliceux, ou bien encore d'un Granite à grains fins, très riche en Quartz, quand elle renferme d'ailleurs une certaine quantité de Mica. (Moyenmoutier, Vallée de la Bruche, Wiches, Herzpach, Urmatt.

Enfin on rencontre exceptionnellement dans le terrain de transition un Grès à grain fin, exclusivement composé de Quartz grenu. Telle est la roche arénacée de Ravines, près Moyenmoutier, dont les variétés silicifiées passent au Quartzite et qui est exploitée pour la fabrication des pierres à aiguiser.

Dans le terrain de transition des Vosges, le *Grès*, ou plus généralement, les roches arénacées et fragmentaires s'observent beaucoup plus rarement à l'état normal, que les Schistes qui les accompagnent. Le plus souvent ces roches ont subi un métamorphisme, dont les effets plus ou moins manifestes ne sont pas toujours développés au même degré dans les différentes parties d'une même masse.

Ainsi, en observant en détail une coupe naturelle ou accidentelle, ouverte dans un affleurement de Grauwacke dont les assises plus ou moins redressées permettent d'observer successivement la tranche des couches sur un certain parcours, on peut souvent constater qu'à une extrémité ou à un point donné de la série, le Grès a conservé sa structure arénacée et tous les autres caractères propres aux *roches arénacées normales*, mais qu'à mesure que l'on s'éloigne de ce point de départ, le *type normal* disparaît progressivement, et la roche passe par degrés à une sorte de pâte pétrosiliceuse, cristalline ou porphyroïde, dans laquelle on ne retrouve plus rien de ses caractères originaires. (Nouvelle route de Senones, au-dessus de Géroville.)

Bien plus, il n'est pas rare d'observer, dans une même couche, le Grès à l'état normal et le Grès métamorphique bien caractérisé, séparés l'un de l'autre par un intervalle de quelques décimètres seulement.

C) Conglomérats.

Je comprends sous la désignation collective de *Conglomérats* :

1° Les Grauwackes à contexture très grossière, composées de débris ou de fragments distincts et plus ou moins volumineux de roches granitiques, gneissiques, pétrosiliceuses ou quartzeuses, quelquefois même de Schistes, mélangés à des parcelles de Feldspath, de Quartz, de Mica, c'est-à-dire aux éléments désagrégés de ces mêmes roches, qui, le plus souvent servent de moyen d'union aux matériaux plus grossiers.

On donne aussi le nom de *Traumates* à ces roches, qui accompagnent souvent la Grauwacke commune, et qui, de même que celle-ci, se présentent plus généralement à l'état métamorphique qu'à celui de roches sédimentaires normales.

2° Des *Brèches* et des *Poudingues*, formés de fragments plus ou moins volumineux, anguleux ou arrondis, de Gneiss, de Granites, de Porphyres, etc., réunis par un ciment dont la nature et les caractères varient suivant les localités. Ainsi, à Schirmeck, une Brèche composée de fragments anguleux de Schistes est cimentée par de la Chaux carbonatée. A Russ, on trouve un Poudingue formé de galets arrondis de Granites, réunis par un ciment argilo-ferrugineux noirâtre. Cette roche, qui accompagne le Calcaire, renferme quelquefois des débris de Madrépores, semblables à ceux qui se trouvent dans le Calcaire lui-même. Au Nord de Schirmeck, au Grouhé, on rencontre un autre Poudingue dont les caractères et la composition diffèrent complètement de ceux du précédent. Il est formé de petits grains assez régulièrement arrondis, dont le volume varie depuis les dimensions d'un petit pois jusqu'à celles d'une forte noisette. Ces grains ou globules, de couleur grisâtre ou jaunâtre, sont composés d'une pâte fine pétrosiliceuse et jaspoïde.

Les Brèches sont quelquefois à très grands éléments, d'autrefois elles sont composées de menus fragments de roches de diverses natures. On les observe souvent à l'état métamorphique.

B) Roches formées par voie de sédimentation chimique.

Calcaires et Dolomies.

Calcaires. Les Calcaires du terrain de transition des Vosges ne se trouvent que dans quelques localités, groupées dans le bassin de La Bruche, aux environs de Schirmeck et de Framont. Ils y forment des masses lenticulaires enclavées dans les Schistes et les Grauwackes.

Ils sont compactes ou finement grenus, veinés de blanc et bariolés de diverses teintes de vert, de gris de fumée, de gris foncé ou de brun rougeâtre, par le mélange de matières talqueuses, schisteuses ou argilo-ferrugineuses.

A Wackembach, à Schirmeck et surtout à Russ, ils renferment une grande quantité de débris de Polypiers, appartenant pour la plupart aux genres *Cyathophyllum* et *Calamopora* et des fragments de tiges de *Crinoïdes*, transformés en Chaux carbonatée spathique, à clivage net et éclatant, dont la couleur blanche ou plus souvent rouge de corail, tranche vivement sur les teintes sombres de la masse. A Framont, et notamment à la Mine de La Chapelle, le Calcaire, blanc veiné de gris ardoisé ou de brun foncé, a une texture de saccharoïde ou grenue. Il ne renferme point de fossiles; mais on y trouve des veines de Fer oligiste dans lesquelles se rencontrent souvent des cristaux de ce même minéral, dont la forme est l'*octaèdre régulier*.

A Schirmeck et à Wackembach, les masses sont traversées par plusieurs filons de *Minette*, qui ont peu d'épaisseur, mais qui sont très réguliers et se séparent nettement du Calcaire. Celui-ci ne paraît point sensiblement modifié au contact de ces filons. On remarque seulement que sa structure est devenue légèrement saccharoïde ou confusément cristalline dans quelques parties; mais sa composition n'a pas changé.

A Schirmeck, le Calcaire est aussi traversé par un filon de *Porphyre albitique* gris, à cristaux d'Oligoclase, que l'on peut observer comme les filons de Minette dans la grande carrière de pierre à chaux, ouverte dans la masse principale; et l'on peut aussi constater que le Porphyre, pas plus que la Minette, n'a altéré ni modifié le Calcaire dans lequel il a pénétré, et dont il a même englobé des fragments dans sa propre masse.

Les Calcaires de Framont, de Wackembach et de Russ sont exploités comme marbres. Celui de Framont a un aspect sévère et des teintes peu variées : un fond blanc, largement nuancé de gris ardoise, de gris noirâtre et brun.

Celui de Wackenbach offre des teintes plus riches et plus variées, qu'il emprunte au mélange d'une certaine proportion de Schiste vert clair ou brun rougeâtre, et à la présence des débris de Polypiers et de Crinoïdes qu'il renferme. Il est quelquefois bréchiforme, et, dans quelques-unes de ses parties traversées par des veines de Schistes vert entrecroisées, il rappelle assez bien le vert campan des Pyrénées.

Le marbre de Russ est tantôt vert clair, tantôt brun, rougeâtre et, dans l'un et l'autre cas, généralement parsemé de débris très nombreux de Crinoïdes blanc laiteux ou rouge de corail.

Ce Calcaire a été utilisé pour la fabrication de petites billes destinées à l'amusement des enfants, qui les désignent généralement sous le nom plus vulgaire de *chiques*.

Le Calcaire de Schirmeck, qui est exploité comme pierre à chaux, a une couleur gris de fumée et une structure compacte. Il est est moins riche en débris organiques que ceux de Wackenbach et de Russ.

Dolomies. La masse calcaire exploitée à la grande carrière de Schirmeck, est recouverte par une couche assez épaisse de *Dolomie*, divisée en assises irrégulières et à peu près horizontales. Cette couche est assez nettement séparée du Calcaire ; mais la limite respective des deux roches est tout à fait irrégulière, et la Dolomie semble avoir sur quelques points pénétré la masse même du Calcaire.

Cette Dolomie est cristalline. Elle a une couleur blanc grisâtre ou gris jaunâtre, qui par l'effet de l'altération devient quelquefois brunâtre. Elle est assez généralement celluleuse ou cariée, et ses anfractuosités, qui sont très irrégulières et souvent cloisonnées, sont tapissées de cristaux rhomboédriques plus ou moins contournés.

La Dolomie se retrouve encore à la Mine Jaune de Framont et au-dessus des Minières de Grandfontaine. Elle a une teinte jaunâtre et une texture cristalline bien prononcée. Elle est souvent caverneuse et cariée; quelquefois aussi elle est bréchiforme et, dans ce cas, elle renferme souvent des débris anguleux de roches de diverses natures, pétrosiliceuses ou porphyriques plus ou moins altérées et transformées.

Les cavités naturelles de la Dolomie caverneuse sont souvent tapissées de cristaux rhomboédriques de Spath perlé ou de Spath brunissant; à la Mine Jaune elles renferment quelquefois des cristaux transparents de Chaux carbonatée et de l'*Arragonite* aciculaire. On y trouve aussi du Fer oligiste en lamelles et en cristaux, de la Pyrite commune et, plus accidentellement, de la Pyrite cuivreuse, du Cuivre carbonaté vert, de la Blende, de la Galène, etc.

2me Groupe. — ROCHES ÉRUPTIVES

Toutes les roches dont nous venons d'indiquer les principaux caractères et la composition minéralogique, forment un ensemble de couches ou de dépôts sédimentaires qui peut être considéré comme la partie essentielle ou *normale* du terrain de transition, c'est-à-dire celle qui représente les roches dans l'état où elles ont été constituées à l'époque de leur dépôt.

Le *Deuxième groupe*, qui constitue le terme opposé de la

série, est formé des roches qui offrent d'une manière bien tranchée les caractères propres aux *roches éruptives*.

Parmi ces masses, quelques-unes sont franchement cristallines ; dans d'autres, la cristallisation ne s'est développée que d'une manière imparfaite, et n'est point arrivée jusqu'à déterminer la séparation complète des divers éléments minéralogiques dont elles se composent. Enfin il s'en trouve dont la structure cristalline est confuse, à peine indiquée, ou qui paraissent tout-à-fait adélogènes.

Leurs éléments constituants essentiels sont peu nombreux et peu variés. Le *Feldspath*, l'*Amphibole*, le *Pyroxène*, le *Mica*, combinés deux à deux en proportions variables, font la base de leur composition. Le *Quartz* s'y associe assez rarement, et l'élément feldspathique y est presque constamment représenté par des espèces appartenant au sixième type cristallin, dont la teneur en silice est inférieure à celle de l'*Albite*.

Ces roches n'occupent pas, en général, de grandes surfaces. Elles n'ont rien de constant dans leurs rapports, ni de régulier dans leurs dispositions. On les voit former des massifs isolés, des amas, des dikes, des filons qui coupent ou traversent les masses sedimentaires qu'ils ont souvent relevées, disloquées ou contournées en formant avec elles des enchevêtrements inextricables. Nous allons voir bientôt que les réactions exercées ou provoquées par les roches éruptives sur les masses sédimentaires, constituent vraisemblablement une des causes principales des modifications plus ou moins profondes que celles-ci ont éprouvées dans leur texture, dans leurs propriétés physiques et jusque dans leur constitution minéralogique et chimique.

On rencontre ces roches éruptives sur presque tous les points occupés par le terrain de transition. Cependant les espèces *labradoriques* et *pyroxéniques* paraissent propres à la partie méridionale du système et n'ont été observées jusqu'ici dans aucune localité située au nord du massif constitué par le Ballon de Guebwiller.

La plupart des autres espèces, savoir, les Porphyres albitiques, les Porphyres bruns et les Porphyres syènitiques, les Diorites, les Porphyres dioritiques et les amphibolites, les Aphanites, les Trapps et enfin les Minettes, se trouvent dans des localités très diverses avec des caractères identiques ou du moins très analogues. Constatons seulement que vers le Nord du système, et spécialement dans les vallées de la Bruche et du Rabodeau, à la Base du Donon et aux pieds du Champ-du-Feu, c'est le type *dioritique* et *aphanitique* qui domine et qui imprime son caractère à toute la formation.

Les roches éruptives du terrain de transition appartiennent d'ailleurs par leur constitution minéralogique aux groupes *porphyrique, dioritique* et *syénitique.*

Leur composition et leurs caractères principaux ont été indiqués avec des détails suffisants dans les articles spécialement consacrés à chacun de ces groupes.

3me Groupe. — ROCHES MÉTAMORPHIQUES.

Le troisième groupe de roches du terrain de transition sert d'intermédiaire aux deux précédents, avec lesquels il se confond par ses modalités extrêmes. C'est celui qui comprend les spécimens les plus nombreux et les plus variés, soit sous le rapport de leurs caractères extérieurs, soit sous celui de leur constitution minéralogique et chimique.

La plupart de ces roches présentent un vif intérêt à l'*amateur* qui les collectionne et au *savant* qui les étudie, car, d'une part, leur ensemble forme une des plus riches séries que l'on puîsse réunir dans une même contrée, et d'un autre côté, leur détermination précise constitue le problème le plus difficile de la *Géologie vosgienne.*

En effet, elles ont toutes subi une altération variable qui, depuis le degré auquel ses effets sont à peine appréciables, peut aller jusqu'à une transformation complète et jusqu'à la disparition de tous les caractères *originaux* ou *normaux.*

Mais quelle était la nature de ces roches à l'époque de leur formation primitive ou de leur dépôt? Quels en étaient alors les éléments constituants essentiels? Quelle est l'origine des composés nouveaux qui se sont ensuite ajoutés à ceux-ci? Ces composés sont-ils venus tout formés du dehors, et ont-ils pénétré dans la roche par une sorte d'intrusion physique, ou bien ne sont-ils que le résultat des réactions mutuelles des éléments primordiaux, dont les affinités ont été développées et mises en jeu par l'action de la cause modifiante? Quelle a été la nature de cette cause, de quelle manière et dans quelles conditions son action s'est-elle exercée? Tels sont les principaux éléments de ce problème intéressant et complexe, que l'on désigne sous le nom de *Métamorphisme,* et dont la solution a tant exercé déjà la sagacité des observateurs.

Il est vraisemblable que la plupart des hypothèses répondant à quelques-unes des questions que nous venons de soulever, se sont réalisées dans une certaine mesure et dans des conditions spéciales qu'il serait difficile de préciser. Cependant l'observation attentive des roches en place, et l'appréciation de leurs rapports géologiques, peuvent dans certains cas jeter quelque jour sur ces questions, sinon les résoudre complètement.

Par exemple, les roches métamorphiques placées au voisinage des masses éruptives labradoriques et pyroxéniques renferment assez généralement des cristaux bien caractérisés de

Labrador et de Pyroxène. Il semble dès lors assez rationnel d'admettre que ces minéraux, ou du moins leurs éléments chimiques ont été apportés par la masse éruptive, et qu'ils ont pénétré dans la roche sédimentaire, préalablement ramollie ou désagrégée, où ils ont revêtu la forme qui leur est propre.

La même observation est applicable à certaines roches situées dans le voisinage des filons syénitiques et dioritiques, et dans lesquelles on trouve des lamelles d'Amphibole, de l'Epidote et de nombreux cristaux de Feldspath blanc verdâtre et céroïde qui constitue l'une des bases du Diorite. On rencontre à chaque pas des faits de ce genre dans la vallée de la Bruche.

Une circonstance digne de remarque, et qui témoigne en faveur de l'hypothèse de l'intrusion des éléments chimiques des minéraux dans certaines roches métamorphiques, c'est que, tous les cristaux que nous venons de citer : *Labrador, Pyroxène, Amphibole, Epidote, Oligoclase,* sont généralement mieux développés et plus réguliers dans ces roches où ils sont *étrangers,* que dans celles dont ils constituent les éléments essentiels ou normaux.

La présence dans des roches modifiées, d'origine sédimentaire, de minéraux identiquement semblables à ceux qui font la base des masses éruptives, avec lesquelles elles sont en relation plus ou moins intime, conduit tout naturellement à admettre que le *métamorphisme* de ces roches est le résultat d'une action quelconque exercée par celles-ci à l'époque de leur apparition.

Mais, dans beaucoup de circonstances, la transformation paraît se rattacher à des causes moins directes et plus générales, et le développement de certaines substances minérales dans la roche sédimentaire peut être le résultat, soit de nouvelles combinaisons chimiques entre les éléments normaux de la roche elle-même, soit de la pénétration de sa masse par un liquide tenant en dissolution ces substances ou quelques-uns de leurs principes constituants. N'oublions pas, surtout, que tous ces effets d'affinité chimique ont pour principal auxiliaire le *temps*, c'est-à-dire une série inconnue de siècles accumulés, et qu'ils se sont probablement exercés dans des conditions particulières de *température* et de *pression*, ou sous l'influence dé l'action lente et continue de courants *électrochimiques*.

Ces données théoriques sont peut-être applicables à la *silification* de certains *Grès* et de certains *Schistes* grossiers et à la *feldspathisation* des *Grauwackes*; d'autre part, l'observation des faits autorise à admettre que la transformation plus ou moins complète des Schistes *argileux* en Schistes *micacés* et *talcifères*, est due à l'action directe des *Granites* et des *Syénites* sur ces roches, car elle s'est spécialement opérée dans une zône assez étroite, limitée par la ligne de contact des Schistes avec les roches cristallines, et dont les inflexions suivent assez exactement les contours des massifs éruptifs. (Champ-du-Feu.)

Certaines roches métamorphiques ont des caractères qui se rapprochent tellement de ceux qui sont propres aux roches éruptives, qu'il devient quelquefois fort difficile de déterminer leur véritable nature. S'agit-il d'une *roche sédimentaire*, complètement transformée, ou bien, est-ce une *roche éruptive* qui, avant sa consolidation, a englobé dans sa masse une portion plus ou moins considérable de roche sédimentaire, dont elle s'est approprié les éléments après les avoir dissociés ? L'un et l'autre cas peuvent sans doute se présenter; mais ils ne constituent guère que des accidents isolés et locaux et, en général, le phénomène ne s'est produit que sur une échelle assez restreinte. Aussi, si la confusion est possible et peut-être même inévitable, quand on examine des *échantillons* de petites dimensions dans un cabinet, l'erreur est plus facile à éviter pour l'observateur exercé qui étudie les *roches en place*, et dans leurs rapports normaux.

Le métamorphisme des roches ne consiste pas toujours dans une transformation aussi radicale de leur nature primordiale, ni même dans une modification appréciable de leur constitution minéralogique ; souvent, au contraire, il ne se manifeste que par des changements plus ou moins apparents dans leurs caractères généraux et leurs propriétés physiques.

Ainsi, dans certains cas, les roches ont changé de couleur et d'aspect en même temps que leur cohésion, leur dureté, leur tenacité, sont devenues plus considérables ; quelquefois même leur densité se trouve augmentée dans une proportion plus ou moins notable. Leur structure s'est aussi modifiée ; quelques-unes sont devenues tout à fait homogènes et compactes, tandis que d'autres ont passé à un état cristallin plus ou moins prononcé, qui peut même aller jusqu'à leur donner l'apparence de véritables *roches cristallines.*

Ces divers modes d'altération de l'*état primitif* des roches sédimentaires ne s'observent pas indistinctement dans toutes les espèces. Chacune de celles-ci paraît, au contraire, affecter une *modalité* qui lui est propre, et qui, sans doute, a sa raison d'être dans la nature, l'état et la disposition des éléments constituants de la masse minérale elle-même.

Ainsi, les *Schistes argileux* se transforment souvent en se chargeant de *Mica* ou de matière talqueuse, et passent au *Schiste micacé* et à une sorte de *Talcschiste.*

Les Schistes communs se durcissent en perdant leur structure feuilletée et passent par degré à l'état de Hornfels, de *Cornéennes* et de *Pétrosilex*.

Les *Grauwackes* deviennent compactes, pétrosiliceuses et jaspoïdes, ou bien elles passent à l'état cristallin et porphyroïde.

Les *Brèches* et les *Conglomérats* prennent l'apparence de Porphyres plus ou moins bien caractérisés.

Les *Grès* siliceux passent à l'état de *Quartzites* ou de *Lydiennes*.

Les *Calcaires* deviennent cristallins, saccharoïdes, ou lamellaires, etc. ; toutefois, ces règles n'ont rien d'absolu ni même de constant, et la *nature* de la modification d'une roche, comme aussi son *degré*, restent d'ailleurs subordonnés à la *nature* de la cause modifiante et à l'*intensité* de son action.

Maintenant, et ces données une fois établies, si l'on veut bien se représenter le nombre déjà très considérable des espèces et variétés de *roches normales* sédimentaires que renferme le terrain de transition des Vosges ; si on tient compte des modifications et transformations que chacune d'elles a pu subir sous l'influence de l'action métamorphique, suivant que celle-ci est liée à la présence de telle ou telle *roche éruptive;* qu'elle s'est exercée avec plus ou moins d'intensité, et qu'elle s'est compliquée ou non de l'introduction ou du développement d'éléments nouveaux dans la *masse primitive*, on comprendra facilement le nombre et la diversité presque illimitée des *spécimens* métamorphiques, la difficulté de leur détermination, de leur classement méthodique, et surtout l'impossibilité à peu près absolue d'assigner à chacun d'eux *un nom* particulier. On se trouve le plus souvent réduit à désigner la plupart de ces roches ambiguës par une périphrase qui résume leur nature, leurs caractères principaux ou leur composition minéralogique.

Toutefois en prenant pour base les types les plus simples, et en plaçant à leur suite la série des variétés qui paraissent dériver de chacun d'eux ou s'y rattacher d'une manière plus ou moins directe, on peut admettre les dénominations suivantes pour désigner les principales *roches métamorphiques* qui font partie constituante accidentelle du terrain de transition des Vosges :

Schistes micacés, talqueux, durcis, jaspisés et rubanés, pétrosiliceux, cornéennes, hornsteins.

Grauwackes feldspathisées, pétrosiliceuses, jaspoïdes, granitoïdes, porphyroïdes, bréchiformes, flammulées, globuleuses, sphéroïdales.

Grès silicifiés, quartzites, quartzfels, hornfels, lydiennes.

Bréches porphyriques.

Poudingues et *Conglomérats* porphyriques.

Spilites bréches porphyroïdes, amygdaloïdes, etc., Spilites mélaphyres.

Je ne me dissimule pas tout ce que cette nomenclature offre d'incomplet et d'insuffisant, et je reconnais volontiers que si elle est applicable aux roches les plus communes et les plus répandues, elle est loin de satisfaire à tous les cas.

Il y a, dans le terrain de transition des Vosges, beaucoup de roches auxquelles il serait impossible d'appliquer un nom quelconque tiré de la nomenclature classique ; mais je ne pense pas qu'il y ait lieu d'en chercher ou d'en créer spécialement pour elles, car la plupart de ces roches ne sont que des produits accidentels ou locaux, qui ne se retrouvent pas ailleurs avec la constance de caractère et de composition qui distinguent les véritables *espèces*, ou même les *variétés* bien établies.

Dans le tableau sommaire et méthodique des roches des Vosges, j'ai indiqué les principaux caractères minéralogiques et la composition des variétés *métamorphiques* qui font partie du terrain de transition. Je vais cependant revenir avec quelques détails sur le *Grès de Grauwacke* et les *Schistes* qui en dépendent, à cause de l'intérêt tout particulier qui se rattache à leurs diverses modifications. En effet, parmi les roches métamorphiques du terrain de transition, les Grauwackes sont tout à la fois les plus répandues et celles qui se présentent sous les aspects les plus variés.

Cette diversité d'aspect, de caractère et de composition, tient à plusieurs causes : d'abord la variabilité des éléments constituants primitifs de la masse sédimentaire qui sert pour ainsi dire de canevas à la roche métamorphique; ensuite, le dégré plus ou moins élevé et le mode particulier de la *feldspathisation*, c'est-à-dire la proportion relative du Feldspath qui a pénétré ou s'est développé dans la roche, et l'état compact ou cristallin qu'il y a revêtu.

Dans certains cas, où le métamorphisme est peu prononcé, la *feldspathisation* ne se traduit que par la présence de quelques petits cristaux ou de quelques lamelles d'*Albite* disséminées dans la masse de la roche, dont la cohésion se trouve d'ailleurs augmentée, et dont les éléments constituants sont plus intimement soudés les uns aux autres (Moyenmoutier). A un degré plus avancé, la roche devient plus homogène; ses éléments sont liés par une sorte de pâte ou ciment feldspathique avec lequel ils se confondent (Herzpach, Rothau), et le plus souvent, des cristaux nombreux d'*Albite* lui donnent une texture cristalline bien développée et une apparence porphyroïde plus ou moins prononcée. (Thann, Massevaux, Saint-Amarin, Guebwiller, Framont, l'Evêché, Base de la Scie, etc.)

Ces cristaux d'Albite, plus ou moins bien développés, ont une couleur blanc de lait, rose ou même rouge par altération;

quelquefois ils sont légèrement translucides. Leur forme est rarement régulière ou déterminable; mais, d'après la disposition des clivages principaux, on peut reconnaître qu'elle se rapporte en général au parallélipipède primitif. En outre, les stries d'hémitropie qui s'observent souvent sur ces cristaux, indiquent que, sous la forme d'un solide simple, ils sont en réalité constitués par un assemblage symétrique et régulier de lames cristallines, dont chacune représente un cristal complet.

Les *Grauwackes* à grain fin, celles surtout qui ont une structure schistoïde, présentent une tendance prononcée vers l'état compact ou même *pétrosiliceux*.

Elles sont alors constituées par une pâte à base feldspathique fine, plus ou moins homogène, à cassure plate ou conchoïdale, quelquefois esquilleuse et translucide sur les bords, de couleur grisâtre, gris verdâtre, jaunâtre, vert foncé ou noire, ou bien encore nuancée de diverses teintes, avec une disposition zônée ou rubanée. On distingue quelquefois dans cette pâte des grains de Quartz vitreux, de petits cristaux d'Albite, de la Pyrite de fer en veines et en grains, etc. (Framont, Derlingoutte, Tête-Mathis, etc.)

Quand les *Grauwackes* à structure grossière ou fragmentaire passent à l'état compact ou *pétrosiliceux*, elles donnent lieu à des variétés métamorphiques qui ont une apparence *porphyroïde*; mais les éléments composants qui y restent distincts, ne s'y trouvent pas nettement séparés de la pâte dans laquelle ils se fondent insensiblement.

C'est ainsi que les *Grauwackes-Brèches* ont produit, par leur transformation pétrosiliceuse, les variétés désignées sous le nom de *flammulées*, dans lesquelles les fragments schisteux, porphyriques, etc., tout en se fondant graduellement dans une pâte de couleur sombre, verdâtre, brune ou noi-

râtre, ont conservé leurs teintes variées et souvent même
leur forme accidentée, dont les contours sont seulement devenus plus vagues et plus adoucis. (Environs de Framont,
Base du Donon, Bornichon, Le Them près Servance, Giromagny, etc.)

Il arrive fréquemment que les *Grauwackes-Bréches* ont été
feldspathisées sans devenir pétrosiliceuses. Des cristaux d'Albite se sont alors développés dans l'espèce de pâte ou de ciment qui réunit les fragments schisteux, porphyriques ou
autres dont ces brèches se composent. Il arrive même quelquefois que ces cristaux se sont développés tout à la fois
dans les fragments hétérogènes et dans le ciment intermédiaire, de telle sorte qu'un même cristal se trouve engagé
dans l'une et l'autre de ces deux parties constituantes de la
roche.

Quand les fragments qui composent la roche conglomérée,
sont exclusivement porphyriques, celles-ci passe au *Porphyre
bréche*, et il devient à peu près impossible de déterminer
avec certitude, sur un échantillon, si elle doit être considérée
comme une *Grauwacke métamorphique* composée d'éléments
détritiques provenant de masses porphyriques désagrégées,
ou si elle n'est qu'une dégradation du *Porphyre* lui-même,
avec lequel elle se confond par des nuances à peu près in-
sensibles. Ce sont en effet ces variétés hybrides et ambiguës
qui établissent le passage des roches d'origine sédimentaire
aux roches d'origine éruptive, tant sous le rapport minéralogique qu'au point de vue géologique. La même observation est applicable à la plupart des roches désignées sous
les noms de *Spilites, Spilites bréches, Spilites mélaphyres,
Amygdaloïdes,* etc., si communes dans toutes les parties
du terrain de transition, où les masses éruptives labradoriques se sont fait jour à travers les dépôts sédimentaires,

ou bien se sont trouvées en relations plus ou moins directes avec eux.

Grauwacke globuleuse. Dans certaines localités (Rothau, La Claquette, environs de Thann), la Grauwacke prend quelquefois une structure globuleuse et se présente sous la forme de petites masses sphéroïdales ou ovoïdes plus ou moins déprimées, qui se séparent complètement du reste de la roche. Cette structure d'agrégation résulte d'une disposition particulière du Feldspath qui au moment de sa cristallisation s'est développé suivant des zônes concentriques autour d'un point central.

Schistes de Grauwacke. Les schistes associés ou subordonnés au Grès de Grauwacke, sont en général beaucoup plus rarement feldspathisés que ces derniers. Cette circonstance est sans doute due à ce que ces roches étant tout à la fois plus argileuses et moins siliceuses que les Grès et renfermant d'ailleurs moins d'alcalis, se sont trouvées dans des conditions moins favorables au développement du Feldspath dans leur masse.

Quoiqu'il en soit, il n'est pas rare d'observer des couches de Schiste à l'état normal, intercalées entre des Grauwackes feldspathisées et alternant avec elles ; mais je ne connais aucun exemple d'une disposition inverse.

Lorsque les Schistes de Grauwacke ont subi la feldspathisation, ils ont presque toujours passé à l'état pétrosiliceux. Ils sont alors constitués par une pâte fine, homogène, à cassure conchoïdale, légèrement translucide, et fusible en émail plus ou moins foncé (Cornéenne, Hornstein.) Leur couleur est extrêmement variable. Ils sont gris bleuâtre, vert clair, rosés, vert foncé, bruns ou noirs. Cette dernière coloration est généralement due à la présence de l'Anthracite.

La tranche des couches est souvent rubanée ou veinée de

teintes alternatives, dont les lignes régulières et parallèles représentent les traces des plans de la *schistosité*, qui a d'ailleurs plus ou moins complètement disparu.

Ces Schistes se divisent sous le moindre choc en fragments pseudo-réguliers, dont la forme est celle d'un parallélipipède obliquangle. (Schirmeck, Syndicat de Moyenmoutier.)

Ils renferment quelquefois de petites veines ou des cristaux de Pyrite de fer. (Framont.)

OBSERVATIONS GÉNÉRALES SUR LA FELDSPATHISATION DES GRAUWACKES

Le Feldspath qui s'est développé dans les Grauwackes des Vosges, et qui caractérise spécialement le métamorphisme de ces roches, présente tous les caractères minéralogiques et la composition chimique de l'*Albite*.

Ce fait est d'autant plus remarquable, que l'Albite bien caractérisée ne s'observe que très accidentellement dans les roches cristallines et éruptives des Vosges, et qu'elle n'entre comme élément constituant normal dans la composition d'aucune d'entre elles, pas même des Porphyres que nous avons désignés sous le nom d'*Albitiques*, et qui appartiennent au terrain de transition.

Cependant, on admet généralement que la feldspathisation des Grauwackes est intimement liée à la présence de ces dernières roches, et plus spécialement à celle des *Porphyres bruns*, et qu'elle a dû s'opérer sous leur influence plus ou moins directe.

Mais, il est vraisemblable que la *Silice* et les composés alcalins que renferme la *Grauwacke normale*, ont fourni, conjointement avec le Porphyre, les éléments chimiques de l'Albite, et que ce minéral s'est constitué et développé dans la masse même de la roche, dont il est devenu l'un des composants les plus remarquables et les plus caractéristiques.

La conservation des vestiges organisés dans les Grauwackes métamorphiques, permet en outre de conclure que le phénomène de la feldspathisation a dû s'opérer sans une augmentation notable du volume de la masse et sans une élévation considérable de sa température.

Grès et *Schistes quartzeux*. Parmi les Grès et les Schistes qui font partie du terrain de transition, il en est quelques-uns qui sont entièrement composés de Quartz grenu, extrêmement divisé, dont les particules sont soudées entre elles par une très petite quantité de matière argilo-siliceuse : telle est, par exemple, la roche exploitée près du village de Moyenmoutier, comme *pierre à aiguiser*.

Ces roches sont en général très fragmentaires, coupées par un grand nombre de fissures, dont les parois sont recouvertes par un enduit rougeâtre ou violacé, argilo-ferrugineux ou manganique.

Elles ne sont point fissiles, et elles ne possèdent qu'une schistosité imparfaite et peu régulière. La couleur normale paraît être le gris cendre; mais les variétés métamorphiques sont souvent brun rougeâtre, gris noirâtre ou noires. Ces dernières renferment une petite quantité d'Anthracite à laquelle elles doivent sans doute leur coloration, car elles blanchissent par la calcination. Leur grain est toujours très fin et peu distinct; quelquefois même il disparaît à peu près complètement, et la masse prend une apparence homogène et compacte, une cassure conchoïdale et esquilleuse et un certain degré de translucidité, caractères qui lui donnent de la ressemblance avec le *Pétrosilex*. Mais elles se distinguent facilement de cette dernière roche, qui est feldspathique, par sa dureté plus considérable, et par sa complète infusibilité. (Hornstein infusible, Hornfels, Lydienne, etc.)

La plupart des roches métamorphiques dont je viens de résumer les caractères les plus saillants, s'observent assez communément, et avec des caractères assez uniformes ou du moins très analogues, dans toutes les parties du terrain de transition qui offrent une certaine similitude dans leur constitution minéralogique. C'est qu'en effet, elles se sont produites sous l'influence de causes plus ou moins généralisées, agissant sur des masses composées d'éléments à peu près semblables ou quelquefois même identiques.

Mais indépendamment de ces *espèces* et *variétés* qui sont en quelque sorte *classiques* et normalement constituées, il en est un certain nombre qui ne peuvent être considérées que comme des associations accidentelles de minéraux, ou comme des *modalités* spéciales de telle substance, de tel composé minéral, et dont l'existence dépend absolument des conditions locales et fortuites dans lesquelles elles se sont produites ou développées. C'est dans cette catégorie de roches métamorphiques accidentelles et spéciales, qu'il faut ranger la curieuse roche globulifère du Rauchfels, près Wuenheim, que l'on a désignée sous le nom de *Pyroméride.* Cette roche est considérée par M. Kœchlin-Schlumberger, qui en a fait une étude spéciale, comme le résultat d'un métamorphisme particulier du *Grès de Grauwacke.* On peut suivre, en effet, dans le gisement du Rauchfels, la transformation graduelle de la masse, depuis la Grauwacke normale, jusqu'à la roche globuleuse la mieux caractérisée.

Elle se compose d'une sorte de pâte verdâtre, grisâtre ou jaunâtre, plus rarement brune, grenue, cristalline ou compacte, qui enveloppe des *globules* assez régulièrement sphériques, dont le diamètre varie de trois à douze millimètres, et dont le volume moyen est à peu près celui d'un pois ordinaire.

Ces *globules*, parfaitement distincts de la *pâte*, dont ils peuvent même se détacher complètement, sont constitués par une substance *pétrosiliceuse*, gris de fumée, verdâtre, ou quelquefois rougeâtre, et en apparence homogène. Cependant, lorsqu'on examine avec attention la coupe de ces globules, on reconnaît qu'ils offrent assez généralement l'indice d'une structure radiée du centre à la circonférence, et souvent aussi d'une disposition en *zônes* ou *couches* concentriques. Dans certains cas, le centre du globule est remplacé par une cellule ou par un assemblage plus ou moins symétrique de cellules cloisonnées, vides ou occupées par du Feldspath, qui se distingue par sa couleur blanc mat de la matière pétrosiliceuse dont se composent les cloisons. Quelquefois les cellules occupent une zône circulaire, intermédiaire entre la partie centrale et la surface extérieure du globule.

Les globules sont généralement plus durs que la pâte. Ils contiennent plus de 80 % de Silice.

Ajoutons enfin, pour en finir avec les roches accidentelles du terrain de transition, que quelques-unes d'entre elles appartiennent à la formation des *filons* et *dépôts métallifères*. Tels sont, par exemple, le *Grenat* et le *Pyroxène* en roches des gîtes de Framont. Mais, le plus grand nombre rentrent dans la catégorie des *productions métamorphiques*, qui ont pris naissance dans les réactions plus ou moins directes du *Porphyre*, du *Mélaphyre* et de quelques autres roches éruptives sur certaines masses sédimentaires, et chacun de ces produits anormaux en particulier ne peut guère se définir que par l'indication spéciale des caractères qui lui sont propres.

REMARQUES GÉNÉRALES SUR LE TERRAIN DE TRANSITION DES VOSGES

Le *Terrain de transition*, dont je viens d'esquisser rapidement la constitution minéralogique, est très développé dans les Vosges, où il occupe de vastes surfaces, situées dans deux régions opposées du système, savoir : dans la partie méridionale et vers le Nord-Est.

Dans cette dernière contrée, il constitue généralement le fond des vallées et la base des massifs encaissants, ou bien il forme des chaînons secondaires, à pentes très abruptes, et des contreforts plus ou moins puissants, qui flanquent les massifs principaux (Champ-du-Feu, Donon), sans s'élever nulle part jusqu'au niveau des lignes de faîte.

Il y forme deux groupes bien distincts qui paraissent appartenir à des époques différentes.

Le plus ancien, *Groupe des Phyllades*, caractérisé et presque entièrement constitué par des *Schistes argileux*, se développe dans le Val de Villé, à la base du Climont, du Ungersberg, etc.

Le plus récent, *Groupe des Grauwackes*, occupe une étendue beaucoup plus considérable, et offre une plus grande diversité dans sa composition minéralogique. Il est surtout développé dans la Vallée de la Bruche, à la base du Donon, dans la Vallée du Rabodeau, etc.

Dans la partie méridionale du système, le terrain de transition se montre dans presque toutes les vallées qui rayonnent autour des massifs qui constituent le Ballon de Guebwiller, les Ballons de Giromagny et de Servance, le Drumont, etc. Il fait partie de la constitution géologique de ces mêmes massifs et de quelques-uns de ceux de la chaîne principale, et

on le voit s'élever jusqu'aux faîtes de leurs principales sommités. (Ballon de Guebwiller, Rotabac, Drumont, Bœrenkopf, etc.)

La composition de ce terrain, considérée d'une manière
générale, diffère entièrement de celle du groupe des Phyllades, qui se développe au Midi du Champ du Feu, et il est
évident qu'il n'appartient pas à la même époque que ce
dernier. Ses caractères le rapprochent davantage des dépôts
qui occupent les vallées de la Bruche et du Rabodeau, sans
que toutefois il y ait une identité complète entre les uns et
les autres. Dans le Midi des Vosges, l'action métamorphique
s'est en général développée à un plus haut degré et d'une
manière plus variée ; en outre, la plupart des masses sédimentaires qui ont subi cette action, ont revêtu un cachet
particulier, sous l'influence des *Mélaphyres* et des autres
roches labradoriques et pyroxéniques qui sont propres à
cette partie du système des Vosges.

Quant à l'âge de ce groupe, M. Elie de Beaumont et quelques autres géologues l'ont rapporté à la partie supérieure
du *Dévonien*.

Plus récemment, MM. Kœchlin, Schlumberger et Schimper ont été conduits par l'étude et la comparaison de ses
fossiles avec ceux de quelques localités bien connues de
l'Allemagne, à le considérer comme appartenant aux couches
inférieures des *Dépôts carbonifères*.

Substances minérales, Filons, Dépôts métallifères.

Le groupe des Schistes argileux du Val de Villé contient
plusieurs filons métallifères, dont les plus importants sont
ceux d'*Urbeiss* et de *Charbes*. Le premier renferme de la
Galène argentifère, du Cuivre pyriteux, du Cuivre gris, du

Zinc sulfuré, du Fer sulfuré cristallisé, du Fer spathique, etc. Le second, connu sous le nom de Mine d'Antimoine, et situé à Honilgoutte, renferme de l'Antimoine sulfuré, de la Berthiérite, du Kermès natif, de l'Oxyde d'Antimoine épigène, du Fer sulfuré, du Fer spathique cristallisé, etc.

La gangue de ces filons est composée de Quartz, de Baryte sulfatée.

Le *groupe des Grauwackes* est aussi traversé par plusieurs systèmes de filons dont les gangues principales sont : le Quartz, la Chaux fluatée, la Baryte sulfatée et la Chaux carbonatée.

Les substances minérales qu'ils renferment sont nombreuses et variées. Nous citerons seulement :

Le Cuivre pyriteux, le Cuivre gris, la Malachite et l'Azurite, le Plomb sulfuré, le Zinc sulfuré, le Fer oxydé brun hématite, le Fer carbonaté, le Manganèse oxydé, etc.

Ces filons ont donné lieu à des exploitations plus ou moins actives à Auxelles-Haut, Château Lambert, Giromagny, Plancher-les-Mines, etc.

Le même terrain contient en outre plusieurs amas de minerais métallifères, dont le plus important est celui de *Framont*. Tout le monde connaît la richesse minéralogique de ce gîte célèbre et classique, dans lequel, indépendamment de plusieurs substances rares comme la *Phénakite*, l'*Anatase* (?), la *Schéelite*, le *Fer oligiste octaédrique*, etc., on trouve une magnifique série de minéraux plus répandus, dont voici l'inventaire à peu près complet :

Fer sulfuré, oxydulé, oligiste cristallisé et grenu, micacé, rubigineux (Eisenrahm) concrétionné (hématite rouge), Fer oxydé brun concrétionné ou hématite brune, Fer carbonaté spathique, Fer sulfaté épigène.

Manganèse oxydé, pyrolusite, acerdèse, argentin.

12

Zinc sulfuré, hydrosilicaté (calamine).

Plomb sulfuré.

Cuivre natif, oxydulé, sulfuré, phillipsite, Cuivre pyriteux, Cuivre gris antimonifère et arsénifère, Cuivre carbonaté vert et bleu, sulfaté épigène, Cuivre hydrosiliceux.

Chaux carbonatée, cristallisée, *Arragonite*.

Dolomie, Spath perlé et Spath brunissant. Chaux fluatée, Chaux sulfatée épigène.

Baryte sulfatée.

Quartz hyalin, enfumé, rubigineux, jaspe (Eisenkiesel).

Grenat en cristaux et en roche.

Epidote, Amphibole, Pyroxène, Halloysite, Allophane.

Phénakite, Schéelite.

Il est remarquable que le Feldspath ne se rencontre ni dans le gîte de Framont, ni dans aucun des filons que renferme le terrain de transition métamorphique. Ce fait semble indiquer que le remplissage de ces filons est postérieur à la *feldspathisation* des roches qui constituent ce terrain.

TERRAIN HOUILLER

Le terrain houiller, fort peu développé dans le système des Vosges, semble n'y exister que sous forme de petits lambeaux détachés, dont les uns sont groupés vers le Nord-Est de la chaîne, principalement dans les vallées du versant alsacien, et les autres, plus importants, au revers méridional du massif des Ballons.

Les roches dont se compose ce terrain, sont des *Conglomérats* et des *Poudingues*, des *Grès* ou *Psammites*, des *Schistes* ou des *Argiles schisteuses*, des *Calcaires* et des *Dolomies*, enfin, quelques couches plus ou moins importantes de *Combustible.*

Les *Conglomérats* sont formés de débris et de fragments anguleux ou arrondis de roches sous-jacentes, généralement de Schistes de transition ou de roches granitiques et gneissiques, selon que les dépôts carbonifères reposent sur l'un ou sur l'autre genre de terrain. On y trouve aussi des débris de roches quartzeuses ou porphyriques. Ces divers éléments, dont les dimensions sont du reste très variables, sont en général faiblement unis entre eux. Les Conglomérats occupent ordinairement la partie inférieure des dépôts carbonifères.

Grès houillers. Ils sont composés des mêmes éléments que les Conglomérats, mais plus atténués ou même désagrégés. On y distingue du Quartz laiteux, du Feldspath plus ou moins altéré, quelquefois réduit à l'état de Kaolin, et du Mica; c'est-à-dire les éléments constituants du Granite et du Gneiss, provenant de la désagrégation de ces roches. Souvent aussi, on y trouve des fragments non décomposés de roches gneissiques. Dans certaines localités, cependant, les Grès houillers sont presque entièrement formés de détritus de Schistes de transition, mélangés à du Quartz laiteux ou graphiteux.

Les Grès houillers ont une couleur grisâtre, blanchâtre ou quelquefois brunâtre; souvent aussi, ils sont colorés en noir par le mélange d'une certaine quantité de matière charbonneuse ou bitumineuse.

Ils renferment souvent des *débris végétaux,* principalement des fragments de rameaux ou de tiges transformés en charbons, et plus ou moins comprimés. Leur grain est très variable; quand il est très grossier, la roche passe au Conglomérat; elle se confond, au contraire, avec les Schistes, quand les éléments sont très divisés et mélangés de matières argileuses.

Schistes et *Argiles schisteuses*. Ces roches, dont la composition est la même que celle des Grès, sont le résultat d'une sédimentation plus atténuée, dont le produit s'est déposé sous forme de couches minces ou de feuillets.

Les Schistes houillers sont gris cendré, gris noirâtre ou noirs, souvent bitumineux, mats ou brillants, tendres, plus ou moins fissiles, quelquefois mélangés de matières charbonneuses qui forment des couches minces intercalées entre les feuillets ou alternant avec les couches du Schiste même. Ils renferment généralement des *empreintes* nombreuses et bien conservées de *feuilles*, de *frondes* et de *rameaux* de végétaux appartenant à la flore carbonifère. Ces vestiges organisés sont en général étalés dans le sens des couches de la schistosité.

Calcaires et *Dolomies*. Les Calcaires sont compacts ou grenus, grisâtres ou jaunâtres, quelquefois fétides, complètement dépourvus de débris organiques. Ils forment des couches plus ou moins puissantes, qui occupent la partie supérieure des dépôts au-dessus des couches de Combustibles. (Val de Villé.)

Les Dolomies sont associées aux Calcaires. Elles sont gris jaunâtre, grenues, quelquefois cariées, quelquefois aussi confusément cristallines. Elles fournissent une bonne chaux hydraulique, et les Calcaires, de la chaux grasse.

Houille. Elle est en couches généralement peu épaisses, tantôt pures, plus souvent mélangées de Schistes argileux ou bitumineux avec lesquels elles alternent. Quelques variétés sont sèches ou charbonneuses, d'autres *collantes* ou bitumineuses. Souvent aussi, elles sont mélangées d'une proportion plus ou moins considérable de *Pyrite sulfureuse*, qui en altère la qualité. (Villé, Saint-Hippolyte, Le Hury.)

Débris organisés fossiles. Ils appartiennent exclusivement au règne végétal.

Les principales espèces représentées dans les bassins houillers des Vosges appartiennent aux genres Névroptéris, Pecoptéris, Sphénoptéris, Stigmaria, Sigillaria, Annularia, Sphenophyllum, Astérophyllum, Calamites.

Les empreintes de frondes, feuilles, tiges, écorces, sont généralement transformées en charbon, quoique parfaitement conservées. On trouve cependant quelques vestiges de bois silicifiés qui paraissent appartenir à des troncs de conifères.

On n'a point observé jusqu'ici de vestiges d'animaux.

Les minéraux que l'on trouve le plus communément dans les terrains houillers des Vosges sont, le Fer carbonaté spathique et lithoïde, surtout ce dernier, qui y forme quelquefois des rognons et des amas assez volumineux. Il est compact ou finement grenu, gris jaunâtre ou brunâtre par altération, quelquefois coloré en noir par une matière bitumineuse. (Ronchamp.)

On trouve aussi, mais accidentellement, dans le terrain houiller des Vosges : le Cuivre sulfuré, le Cuivre pyriteux, le Cuivre gris, le Cuivre carbonaté, la Galène, la Blende, la Pyrite de fer, la Pyrite arsénicale (dans le Calcaire, Villé), l'Antimoine sulfuré.

TERRAIN PÉNÉEN

Grès rouge. Le terrain du Grès rouge occupe dans les Vosges de grandes surfaces, situées en général dans l'intérieur du système, de part et d'autre de la ligne des faîtes, que ce terrain n'atteint cependant sur aucun point.

Il acquiert une grande puissance dans certaines localités ;

ainsi, le sondage exécuté à Marzelay, commune de Saint-Dié, pour une recherche de houille, a atteint le terrain gneissique à une profondeur de 576 mètres au-dessous du niveau du bassin de la Meurthe, situé lui-même à plus de 200 mètres en contrebas du niveau du Grès vosgien, sur les massifs de l'Ormont et du Kamberg, ce qui donne à l'ensemble des couches, sur ce point, une épaisseur d'environ 800 mètres.

Les dépôts sédimentaires nombreux et variés qui le constituent, ont assez généralement conservé les caractères propres aux roches normales, et l'action métamorphique ne s'y est développée que d'une manière plus limitée et beaucoup moins complète que dans le terrain de transition.

Cette différence trouve une explication très rationnelle dans cette circonstance, que la presque totalité des roches éruptives qui font partie du système des Vosges, ont surgi à une époque antérieure au dépôt et à la consolidation du Grès rouge.

La seule exception que je connaisse, c'est celle d'une variété de Porphyre feldspathique (Porphyre rouge quartzifère de quelques minéralogistes), dont l'éruption paraît être contemporaine du dépôt du Grès rouge, et même postérieure aux assises les plus anciennes de ce terrain. En effet, dans certaines localités, et notamment sur la rive gauche du bassin de La Bruche, dans la Vallée du Hasel, on voit la roche éruptive alterner avec les couches sédimentaires et s'étaler en nappes puissantes sur les Conglomérats inférieurs du Grès rouge, tandis que les couches supérieures du même terrain, c'est-à-dire celles qui ont précédé immédiatement le Grès vosgien qui les recouvre, reposent elles-mêmes sur le Porphyre, et renferment des débris ou fragments anguleux ou arrondis de cette dernière roche.

Les Argilophyres, les Mimophyres et les Brèches porphy-

riques sont probablement des produits métamorphiques dus
à l'action du *Porphyre feldspathique* sur les éléments *normaux* du Grès rouge.

Mais l'action métamorphique s'est aussi développée dans
des circonstances et dans des conditions toutes différentes,
et a donné naissance à certaines variétés de roches désignées sous les noms d'*Arkoses feldspathisées* et d'*Anagénites*.
Ici, la transformation de la roche sédimentaire paraît liée
d'une manière plus ou moins directe au contact ou au voisinage des Granites. La présence dans ces roches modifiées,
de nombreux cristaux d'Orthose parfaitement développés, et
offrant la macle caractéristique du Feldspath des Granites,
est un fait qui vient à l'appui de cette hypothèse.

D'un autre côté, certaines roches du Grès rouge, et notamment quelques variétés de Grès et de Conglomérats, ont subi
un métamorphisme spécial qui se manifeste, non plus par la
feldspathisation, mais par la *silicification* de leur masse.
Cette modification, dont il serait assez difficile de déterminer
les causes et d'indiquer les conditions précises, s'observe
particulièrement dans les couches qui se trouvent en relations plus ou moins directes avec les Granites ou avec certains massifs syénitiques ou porphyriques. (Ban-de-Sapt,
Saint-Jean, etc.)

Les divers dépôts dont l'ensemble constitue le *terrain du
Grès rouge*, sont formés de roches nombreuses et variées, et
paraissent appartenir à deux époques assez distinctes.

Les plus anciens ont été rapportés par quelques géologues,
à la période carbonifère, et on a voulu y trouver un équivalent du vieux Grès rouge (*old red sandstone* des Anglais.)
Bien que nos propres observations ne nous aient pas conduit
à admettre complètement cette hypothèse, nous établissons
cependant une distinction entre les principales couches du

dépôt, et nous réunissons sous le nom de *Grès rouge infé-rieur*, toutes celles qui sont placées au-dessous des Grès pro-prement dits et qui constituent la base de la formation. Ces couches sont composées de roches très variées, tant au point de vue de leurs caractères que sous le rapport de leur com-position minéralogique.

Ce sont des *Conglomérats* et des *Brèches*, des *Argilolites*, des *Amygdaloïdes*, des *Argilophyres*, des *Brèches porphyri-ques*, des *Mimophyres*, enfin, de véritables *Porphyres*.

Toutes ces roches peuvent se répartir dans trois groupes, savoir :

A) Les *Roches normales*;
B) Les *Roches métamorphiques*;
C) Les *Roches éruptives*.

Les Conglomérats, Brèches et Poudingues sont formés de fragments grossiers, anguleux ou arrondis, des roches sur lesquelles ils reposent ou qui se trouvent dans leur voisi-nage. On y distingue des fragments de Gneiss, de Granite de Porphyres ou de Diorites, des Schistes de transition, des Grauwackes, etc. Tous ces débris, variables selon les loca-lités, sont réunis par un ciment argilo-siliceux plus ou moins abondant, de couleur variable, le plus communément rou-geâtre ou brun.

Argilolites. On désigne sous ce nom générique, des roches d'aspects très variés, qui forment des couches plus ou moins importantes à la partie inférieure du Grès rouge, et qui s'observent avec des caractères assez analogues sur plusieurs points du système fort distants les uns des autres (au Val-d'Ajol, dans le bassin de la Meurthe, dans la vallée de la Bruche, etc.)

Les unes paraissent être à l'état primitif ou *normal*, c'est-à-dire, telles qu'elles ont été constituées à l'époque de leur dépôt. D'autres, au contraire, paraissent avoir été soumises à certaines influences qui ont déterminé des modifications variées dans leurs caractères originaires.

Si on examine avec attention l'espèce de *pâte* plus ou moins hétérogène dont se composent la plupart des *Argilolites*, on reconnaît presque toujours dans sa masse des cristaux ou des débris de cristaux d'*Orthose*, qui ont échappé à la décomposition, souvent aussi des grains de *Quartz* et même des lamelles de *Mica* plus ou moins altérées, décomposées ou transformées, c'est-à-dire, les vestiges des *éléments normaux*, des Porphyres feldspathiques, des Granites et des Gneiss. On y trouve souvent encore des fragments distincts de Pétrosilex et de Porphyres.

Il est dès lors évident que les Argilolites sont composées de matériaux détritiques provenant de la désagrégation de ces roches, et plus particulièrement de la décomposition plus ou moins avancée de leur *élément feldspathique*. On peut même jusqu'à un certain point déterminer, pour la plupart d'entre elles, le genre des roches agrégées qui leur a servi de *matière première*. Ainsi les Argilolites de Lutzelhausen et de Netzenbach proviennent sans aucun doute du Porphyre feldspathique; celles du Val-d'Ajol paraissent provenir du Granite ou du Leptynite; celles de Remémont, très riches en Mica, sont probablement le résultat de la décomposition d'un Gneiss ou peut-être d'un Eurite micacé, etc.

Les Argilolites qui dérivent des roches granitiques, sont généralement subordonnées ou associées à des couches plus ou moins puissantes d'*Arkoses* ou d'*Anagénites* qui ont la même origine qu'elles, et qui en diffèrent seulement par cette circonstance, qu'elles sont surtout constituées par l'élément non décomposable du Granite, c'est-à-dire par le Quartz et par les parties de Feldspath qui ont résisté à la décomposition. La partie de ce dernier minéral qui a subi une décomposition plus complète, a été enlevée par les eaux qui l'ont tenue en suspension et ensuite déposée sous forme de couches spéciales plus ou moins homogènes qui, en se consolidant, se sont constituées à l'état d'*Argilolites*.

Quant aux variétés qui proviennent de la décomposition des Porphyres feldspathiques, elles sont généralement associées à des Argilophyres et subordonnées à des Brêches porphyriques plus ou moins altérées.

Argilolites terreuses. Pâte plus ou moins grossière, rude au toucher, blanche, jaunâtre, grisâtre, ou colorée par l'Oxyde de fer en rouge lie de vin, violacé ou rouge de brique, souvent tachée ou bariolée de ces diverses teintes. Cassure inégale, cohésion et dureté variables, mais généralement assez faible, sonorité complètement nulle.

Ces variétés sont rarement homogènes ; le plus souvent elles renferment des débris plus ou moins apparents des roches dont elles proviennent, dont les éléments ont échappé à la décomposition. Souvent, aussi, elles sont poreuses ou celluleuses, et quand cette dernière disposition devient très prononcée, la roche passe à la variété désignée sous le nom de *Spilite*.

Spilites. Les roches argiloïdes désignées sous le nom de Spilites et qui font partie des dépôts les plus anciens du Grès rouge, ne sont probablement que des *Argilolites* terreuses ou plus rarement des *Argilophyres*, dont la masse est creusée de cellules ou vacuoles plus ou moins nombreuses, de formes et de dimensions variables, généralement arrondies, ovalaires ou allongées, mais jamais anguleuses ou limitées par des parois planes ou rectilignes. Quelquefois ces cellules sont vides, c'est ce que l'on observe généralement vers la surface de la roche ou dans ses parties altérées.

La roche prend alors l'aspect de certaines laves celluleuses ou scoriacées. Mais, dans l'intérieur de la masse, les cellules sont presque toujours occupées par des noyaux de diverses substances, qui se sont moulés dans leur cavité, et dont les plus communes sont : la Chaux carbonatée, manganésifère, grenue, blanche ou rose, le Quartz concrétionné et radié, une matière stéatiteuse, verdâtre ou jaunâtre, etc. Les cellules vides, c'est-à-dire celles dont les noyaux ont disparu, renferment assez souvent de l'hydrate de Manganèse pulvérulent.

La pâte des Spilites est quelquefois grisâtre, plus généralement violacée ou brun rougeâtre. Sans être très dure, elle est souvent très tenace, et reçoit, sans éclater, l'empreinte du marteau. (Côtes de Senones, Ban-de-Sapt, Provenchères, Remémont, La Salle, etc.)

Argilolites compactes. Pâte fine et généralement homogène, mais terne et mate, blanche, jaunâtre, verdâtre, rosée, plus rarement rouge, quelquefois zônée ou rubanée, ou xyloïde.

Ces roches, beaucoup plus consistantes et plus dures que les Argilolites terreuses sont plus ou moins sonores, et elles éclatent sous le choc du marteau. Leur cassure est plate et unie, quelquefois conchoïdale ou même légèrement esquilleuse. Quelques-unes ont une disposition schistoïde plus ou moins prononcée.

Celles qui proviennent de la décomposition des Porphyres sont généralement colorées en rouge. (Ban-de-Sapt, Val de Villé), et renferment souvent des fragments pétrosiliceux ou feldspathiques non décomposés complètement. Elles passent alors à l'Argilophyre, et sont désignées assez communément sous le nom d'*Argilolites durcies.*

Argilolites sublamellaires. Elles proviennent de la décomposition du Granite et surtout de celle du Gneiss, et sont généralement subordonnées aux Arkoses. On en distingue deux variétés principales, savoir :

1° Les *Argilolites rubanées*, qui sont caractérisées par des teintes variées : verdâtre, violacée, brunâtre, disposées en lignes parallèles, assez régulières, étroites, et plus ou moins flexueuses, sur un fond gris verdâtre ou blanchâtre.

Leur masse, assez homogène au premier aspect, laisse distinguer, lorsqu'on l'examine plus attentivement, une texture sublamellaire et confusément cristalline. On y distingue des lamelles de Feldspath, quelques grains de Quartz et des nombreuses parcelles de Mica, c'est-à-dire les éléments composants normaux du Granite.

Ces Argilolites, généralement associées aux Arkoses feldspathisées, sont presque toujours métamorphiques comme ces dernières roches elles-mêmes. (La Poirie, Dommartin.)

2° Les *Argilolites zônées*, qui ont une teinte gris de fer, plus ou moins foncée, avec des lignes brunâtres, disposées en zônes concentriques. Leur masse, très hétérogène, a une structure distinctement lamelleuse, et on y reconnaît facilement les éléments dont elle se compose. On y distingue surtout beaucoup de Mica, auquel l'altération donne quelquefois les caractères de la *Rubellane.*

Elles sont assez tenaces tant qu'elles sont saines, mais les agents atmosphériques les décomposent rapidement, et, sous leur influence, elles se délitent en boules par la désagrégation successive des couches concentriques dont elles paraissent être formées. Elles sont généralement associées à des Spilites (Remémont) et proviennent peut-être de la décomposition d'un Eurite micacé ou d'une Minette.

Argilophyres. Mimophyres. Pâte argileuse, endurcie, rougeâtre, violacée, quelquefois blanchâtre, enveloppant des fragments distincts de Porphyres et de Pétrosilex, des grains de Quartz vitreux et des cristaux d'Orthose plus ou moins altérés. Quand les fragments porphyriques sont arrondis et nombreux, et quand d'ailleurs la pâte enveloppante est rouge ou violacée, la roche est désignée sous le nom de *Mimophyre*.

Si les débris de Porphyre ont un certain volume, s'ils sont anguleux, si leur proportion égale ou surpasse celle de la pâte argileuse ou feldspathique qui les réunit, la roche est une *Bréche porphyrique*, et elle passe par degrés au véritable *Porphyre feldspathique* auquel elle est presque toujours associée. (Vallée du Niedeck, Base du Donon vers Raon-sur-Plaine.)

J'ai indiqué précédemment les caractères minéralogiques et la composition du Porphyre feldspathique particulier au terrain du Grès rouge.

Arkoses. La dénomination d'Arkoses n'a pas la même signification pour tous les géologues : je vais donc préciser d'abord celle que j'y attache moi-même.

Je désigne sous le nom d'*Arkoses*, des *Grès* ou des roches arénacées composées de Quartz sableux et de *Feldspath*, plus ou moins altéré, auxquels se joint communément une petite quantité de Mica exfolié, et qui proviennent généralement de la désagrégation des roches granitiques et gneissiques.

Ce qu'il importe de bien établir, c'est que, dans les Arkoses telles que je viens de les définir, l'élément feldspathique consiste toujours dans des fragments de cristaux ou de lamelles d'Orthose plus ou moins altérés, ou décomposés, mélangés en proportions variables à l'élément quartzeux, et uniformément répartis dans la masse de la roche. Ces grains où fragments proviennent exclusivement de la roche qui a servi de matière première à l'Arkose, et ils ne sont autre chose que les débris détritiques et altérés de son propre Feldspath.

Cette distinction sépare nettement la variété d'Arkose que je viens de définir et que je désigne sous le nom d'*Arkose normale*, d'une autre variété dans laquelle il s'est *développé* des *cristaux d'Orthose* complets et réguliers. Cette dernière variété, qui représente exclusivement l'Arkose pour la plupart des géologues, constitue seulement pour moi l'*Arkose feldspathisée*, ou l'*Arkose métamorphique*.

Arkoses arénacées ou normales. Les proportions relatives du Quartz et du Feldspath dans les Arkoses normales, varient selon les localités. Quand le Quartz domine, la roche est une Arkose siliceuse, à laquelle il convient plutôt d'appliquer le nom de Grès, réservant spécialement celui d'Arkose pour les variétés plus riches en Feldspath. Ces *Grès* ou ces Arkoses siliceuses se composent de grains de Quartz vitreux, généralement arrondis, mélangés de grains ou petits fragments arrondis ou émoussés de *Feldspath orthose* blanc mat et altéré, et de quelques particules de Mica. (Coinches, Remémont, etc.) Leur consistance est très variable; quelquefois leurs éléments sont à peine liés, ailleurs ils offrent une cohésion et une résistance considérables. Dans certaines localités, les masses se divisent en couches assez régulières et quelquefois assez minces pour que l'on puisse les utiliser comme dalles.

Les *Arkoses* proprement dites ont souvent une teinte gris clair ou blanchâtre qu'elles doivent à la grande proportion de Feldspath altéré qui entre dans leur composition. Ce Feldspath ne s'y trouve point en grains arrondis, mais en fragments irréguliers ou débris de cristaux.

En outre, une sorte d'enduit feldspathique blanc mat recouvre souvent les grains de Quartz et les débris de cristaux
eux-mêmes, ou remplit les interstices qu'ils laissent entre
eux. Le Quartz est vitreux et incolore, en grains irréguliers
et souvent anguleux. (Taintrux.)

Arkoses feldspathisées métamorphiques. Ces roches diffèrent des précédentes par la présence de cristaux plus ou
moins nombreux d'Orthose, qui se sont développés dans
leur masse. Ces cristaux présentent tous les caractères du
Feldspath à l'état sain, c'est-à-dire la consistance, la dureté,
l'éclat, le clivage net, et jusqu'à la macle caractéristique de
l'Orthose des Granites. Ils sont translucides, opalins ou quelquefois rosés. Leur disposition dans la roche indique d'ailleurs, de la manière la plus évidente, qu'ils y sont formés
de toutes pièces sous l'influence d'un concours spécial d'affinités moléculaires. Le Quartz, auquel ils sont associés, est
généralement incolore, hyalin ou vitreux. Ces éléments sont
réunis ou cimentés par une sorte de pâte feldspathique ou
argiloferrugineuse.

La masse de la roche est très résistante, et son aspect rappelle quelquefois celui de certains Granites.

Les variétés à grands cristaux d'Orthose, sont désignées
sous le nom d'*Arkoses porphyroïdes.*

Des substances minérales variées et assez nombreuses sont
souvent associées aux Arkoses feldspathisées, dans lesquelles
elles constituent des veines ou de petits filons ramifiés. Les
principales sont la Baryte sulfatée, la Chaux fluatée, le Quartz
et le Fer oligiste. (La Poirie, Reherrey, près Dommartin.)

L'Arkose, exploitée à Taintrux pour empierrement et pour
moellons, a une apparence granitoïde. Elle est très siliceuse,
et renferme en général beaucoup plus de Quartz et moins de
Feldspath que la variété porphyroïde de La Poirie. Le Quartz

est en grains incolores et hyalins. Le Feldspath se présente sous deux aspects bien différents, qui permettent de distinguer nettement celui qui faisait partie constituante de la roche sédimentaire normale, et celui qui s'est développé postérieurement dans la masse de cette roche, sous l'influence de l'action métamorphique. Le premier est en petits fragments opaques, ternes, mats, manifestement altérés, ou même friables et réduits à l'état de Kaolin. L'autre, au contraire, est en cristaux maclés ou en lames cristallines, translucides, offrant la dureté, le clivage net et l'éclat habituel de l'Orthose. Ces deux manières d'être du Feldspath, s'observent fréquemment réunies ou accolées l'une à l'autre, ce qui prouve que l'altération de l'une d'elles ne peut être attribuée à une cause générale qui aurait agi sur la roche postérieurement à sa feldspathisation.

Grès. Ils sont beaucoup moins répandus que les Arkoses dans les couches anciennes ou inférieures du Grès rouge.

Ils se composent essentiellement de Quartz, mélangé d'une très faible proportion de Feldspath. Le Quartz est en grains arrondis et inégaux, laiteux ou grisâtres, translucides ou opaques. Le Feldspath, toujours altéré ou même décomposé, est aussi en grains ou en petites parcelles d'un blanc mat, arrondies ou émoussées par le frottement. Dans les variétés à grain fin, qui constituent les véritables Grès, ces débris ou globules feldspathiques atteignent à peine le volume d'une tête d'épingle. Ces éléments sont intimement soudés par un ciment siliceux, qui donne à la roche une dureté considérable et surtout une grande résistance au choc.

Les variétés à grain fin forment en général des couches minces, planes et régulières. Les couches plus épaisses, continues ou divisées en blocs volumineux, sont composées d'éléments grossiers, liés entre eux par un ciment siliceux plus ou moins apparent. On y distingue du Quartz vitreux en grains, de petits galets de Quartz laiteux ou de Quartzite grisâtre, verdâtre ou brun; des fragments de Schistes, de Porphyres ou même de roches gneissiques ; enfin des débris de cristaux de Feldspath orthose qui ont conservé leurs caractères normaux, et des fragments arrondis et altérés de Feldspath blanc mat ou kaonilisé. (Moulin de Frabois, Le Fréteux, etc., commune du Ban-de-Sapt.)

Anagénites. Cette roche qui diffère assez peu de certaines Arkoses, est composée des éléments normaux du Granite et du Gneiss — Quartz, Orthose, Mica — plus ou moins dissociés et altérés, mais généralement distincts, unis entre eux par un ciment argilo-siliceux plus ou moins abondant et souvent coloré par l'oxyde de Fer. On la désigne aussi sous le nom de *Granite régénéré*, qui n'est que la traduction du mot Anagénite. Le plus souvent, indépendamment des éléments désagrégés du Granite ou du Gneiss, l'Anagénite renferme des fragments anguleux et plus ou moins volumineux de ces mêmes roches, qui ont conservé leur constitution normale, et qui peuvent n'avoir subi qu'un très faible degré d'altération.

Quand ces fragments sont très nombreux et d'un certain volume, la roche peut être désignée sous le nom de *Brèche anagénite.* (Anould, Neuve-Roche.)

Les Anagénites et les Brèches qui en dépendent, sont souvent silicifiées ou feldspathisées. Dans ce dernier cas, elles renferment des cristaux distincts d'Orthose.

Elles constituent des couches plus ou moins puissantes, régulièrement stratifiées et généralement divisées en assises peu épaisses, à surfaces inégales, rugueuses et irrégulières. (Saint-Léonard, Taintrux, Remémont, Anould, Corcieux, Côte du Plafond.)

On utilise quelquefois ces roches comme dalles brutes, ou bien on en forme des clôtures en les dressant sur champ les unes à la suite des autres, et en partie enfoncées dans le sol.

Brèches quartzeuses, Quartzites, Quartz.

Brèches. Roches composées de fragments de Quartz anguleux et irréguliers, diversement colorés, soudés entre eux par un ciment argilo-ferrugineux, argilo-siliceux et souvent même quartzeux ou calcédonieux. Ces fragments sont tantôt du Quartz commun, blanc ou coloré, tantôt du Quartz gras ou céroïde, tantôt enfin du Silex rubigineux ou plus rarement de la Calcédoine translucide.

Quand les fragments laissent entre eux des intervalles vides, ces cavités, ainsi que les anfractuosités ou fissures de la roche, sont généralement tapissées de cristaux pyramidaux de Quartz hyalin.

Les *Quartzites*, et surtout les *Quartz*, forment généralement des masses puissantes, subordonnées ou associées aux dépôts des Arkoses et des Anagénites. (Vallée des Roches, Hérival, La Poirie, La Planchette, etc.) Le Quartz appartient à la variété commune; il est blanc laiteux, opaque, quelquefois teinté de rose ou de jaune, surtout au voisinage des joints, qui sont généralement recouverts d'un enduit ferrugineux. On n'observe dans la plupart de ces masses aucune apparence de stratification.

Les couches inférieures du Grès rouge, notamment celles qui sont constituées par des Arkoses et des Anagénites, renferment sur plusieurs points des filons plus ou moins réguliers, dont la masse est généralement constituée par du Quartz, plus rarement par de la Baryte sulfatée, et quelquefois aussi par une sorte de Brèche pétrosiliceuse. Ces filons sont en

général assez pauvres, quelquefois même complètement sté-
riles.

Les minéraux qui s'y observent le plus communément,
sont le Fer oligiste, la Pyrite cuivreuse, le Cuivre carbonaté,
plus rarement le Plomb sulfaté et la Blende.

Dans les filons qui traversent les Arkoses métamorphiques,
l'association la plus fréquente est celle du Quartz, de la
Chaux fluatée, de la Baryte sulfatée et du Fer oligiste. (La
Poirie, Reherrey, Taintrux.)

On trouve aussi dans le Grès rouge inférieur quelques débris organisés végétaux, représentés principalement par des
fragments de troncs ou de tiges, qui, pour la plupart, paraissent appartenir à des Conifères, et qui ont été rapportés aux
genres *Pinites, Araucarites, Dadoxylum*, ou bien à des *Asté-
rophyllitées*, genre *Calamodendron*, ou enfin à la famille des
Fougères, genre *Psaronius*, ou peut-être à des Cycadées.

Ces débris végétaux ne sont point carbonisés comme ceux
du terrain houiller ou ceux de la Grauwacke. Ils sont transformés en une masse siliceuse, dans laquelle tous les détails
de l'organisation végétale sont souvent conservés avec une
grande netteté, ce qui permet d'en étudier la structure, et
de déterminer le type ou le genre auquel ils appartiennent.
Ce mode particulier de fossilisation semble du reste indiquer
que le dépôt du Grès rouge a dû s'effectuer dans des conditions différentes de celles qui ont présidé au dépôt du terrain
houiller et à celui des couches supérieures du dévonien,
auxquelles appartient la plus grande partie de notre terrain
de transition des Vosges.

On n'a jamais trouvé dans le Grès rouge des Vosges aucun
vestige organique appartenant au règne animal.

Grès rouge supérieur.

Cette partie du terrain se compose de Conglomérats, de Brêches, de Grès, alternant avec des masses argileuses, plus ou moins puissantes, et de quelques couches subordonnées et peu développées de Dolomie ou plus rarement de Calcaire.

Brêches et Conglomérats. Ces roches sont composées de fragments grossiers, anguleux, ou plus rarement arrondis, réunis par un ciment argilo-ferrugineux plus ou moins abondant.

La nature de ces fragments, généralement empruntés aux roches sous-jacentes ou ambiantes, varie selon les localités. On y trouve des débris de Gneiss, de Granites de Porphyres et de Diorites, des fragments de Schistes et autres roches de transition, des Grauwackes, du Quartz laiteux et surtout du Quartz gras, céroïde ou corné, des Schistes houillers, etc. Dans quelques localités, on y voit aussi de nombreux débris de roches appartenant au Grès rouge inférieur, telles que Spilites (Moussey), Argilolites, Argilophyres (Haslach), Arkoses, Anagénites, etc.

La présence de ces derniers éléments, qui sont souvent en fragments émoussés ou arrondis, indique qu'il a dû s'écouler un temps très considérable entre le dépôt des Conglomérats dont ils font partie, et celui des roches dont ils proviennent.

En effet, il a fallu que pendant cet intervalle celles-ci fussent détruites, et que leurs débris, roulés par les eaux, eussent le temps de s'émousser ou de s'arrondir, avant de servir de matériaux aux roches, plus récentes, dans lesquelles on les trouve. Ce fait a fourni un des principaux arguments aux géologues qui considèrent l'ensemble des couches inférieures du terrain dont nous résumons les caractères comme l'équivalent du vieux Grès rouge ou *Old red sandstone* des Anglais, qui fait partie du groupe carbonifère.

Grès. Ils se composent de grains quartzeux agglutinés par un ciment argilo-siliceux, dont la proportion détermine la consistance de la roche. Mais on y observe aussi le plus souvent du Feldspath plus ou moins altéré, du Quartz laiteux, des fragments de Pétrosilex, de Schistes, etc., en un mot, les éléments qui composent les Conglomérats, mais réduits à un état de division beaucoup plus grande.

La couleur ordinaire de ces Grès est le rouge de brique ou le rouge violacé; mais ils sont souvent bariolés de blanc, et prennent aussi des teintes verdâtres, en se chargeant d'une certaine quantité d'Argile, ou plus rarement de Calcaire, par exemple, au voisinage des couches de Dolomie.

Dans quelques localités, certaines couches de Grès deviennent poreuses, ou même cariées et caverneuses. Les vacuoles sont alors le plus souvent tapissées d'un enduit de Manganèse.

Argiles. Elles sont rouges, souvent aussi bariolées de teintes blanches ou verdâtres. Elles sont généralement fissiles ou schistoïdes, coupées par des fissures de retrait, qui divisent les masses en fragments pseudo-réguliers, dont la forme générale est celle d'un parallélipipède obliquangle. Les surfaces de ces fissures sont souvent recouvertes d'un léger enduit violacé ou bleuâtre. Elles se délitent rapidement à l'air, et quand elles ont été soumises pendant un certain temps aux influences atmosphériques, et plus spécialement à l'action de la gelée, elles acquièrent la propriété de faire pâte avec l'eau, c'est-à-dire de devenir plastiques et de pouvoir être utilisées pour la fabrication des briques.

Leur consistance est assez variable; généralement elles

sont tendres et à pâte fine, mais non onctueuse. Quand elles sont mélangées d'une certaine proportion de Quartz arénacé, elles prennent plus de solidité et passent par degrés au Grès. (Environs de Saint-Dié, à la Base des massifs d'Ormont et de Kamberg, environs de Senones, de Bruyères, etc.)

Dolomies. Elles sont massives, blanches ou gris jaunâtre, grenues, saccharoïdes ou même compactes, tenaces, résistantes, sonores; leur cassure est plate ou raboteuse dans les variétés à gros grains.

On les trouve à la partie supérieure du dépôt, où elles forment des assises assez régulières, mais peu puissantes et surtout peu étendues; ou bien des couches irrégulières, composées de rognons pleins ou géodiques associés à des silex rubigineux compacts ou plus souvent cariés. (Raids de Robache, Base d'Ormont.) Ces boules ou rognons renferment souvent de beaux cristaux rhomboédriques de Dolomie, de Quartz hyalin, prismé ou pyramidal, du Spath fluor en cubes simples ou modifiés sur les arêtes, de couleur violette ou verte, du Fer oligiste en lames cristallines métalloïde ou rubigineux, de la Baryte sulfatée laminaire blanche ou en cristaux, de la Chaux carbonatée cristallisée, etc.

Les Dolomies du Grès rouge ne renferment jamais de fossiles.

Elles sont utilisées comme pierre à chaux et fournissent une chaux grasse hydraulique d'excellente qualité. (Robache, Petite-Raon, environs de Saint-Dié, de Senones, de Bruyères, Base du Climont.)

Calcaire. Grenu ou compact, gris de fumée, passant au rouge brique par altération, tenace et résistant, cassure plate et unie, structure massive ou plus rarement brécheuse. Couches divisées en blocs séparés, plus rarement continues.

De même que la Dolomie, il ne renferme aucun vestige organique; se trouve au fond du vallon de Saint-Jean-d'Or-mont.

Les Dolomies et les Calcaires se distinguent de toutes les autres roches de Grès rouge par leur nature, leur composition, leur origine et leur mode de formation ; car elles ne sont point constituées par des matériaux détritiques simplement transportés et déposés par les eaux, mais la substance saline qui les compose, se trouvait en dissolution dans la masse du liquide, dont elle s'est séparée par voie de sédimentation chimique.

Grès vosgien.

Le Grès vosgien se développe sur une immense étendue dans le système des Vosges. Il entoure presque complètement les massifs principaux, constitue ou recouvre la plupart des massifs secondaires, et forme à peu près seul le prolongement de la chaîne vers le Nord.

Ce terrain, à raison de son puissant développement, joue un rôle très important dans la constitution géologique des Vosges; mais, ce qu'il a surtout de remarquable, c'est la constance, la simplicité et l'uniformité de sa composition minéralogique. En effet, il est à peu près représenté par une seule roche, le Grès vosgien, dont il emprunte le nom, et par des masses subordonnées de Poudingues, formés de galets ou cailloux quartzeux.

Le Grès vosgien se compose de grains de Quartz, incolores et hyalins, recouverts d'un enduit ferrugineux très mince, qui leur communique sa couleur rouge clair, et par suite, donne la même teinte à toute la masse de la roche. Ces grains sont, en général, assez faiblement liés entre eux. Leur surface est cristalline, et hérissée de petits cristaux offrant la forme pyramidale et prismatique du Quartz byalin. C'est ce qui donne au Grès vosgien la scintillation qui le caractérise, lorsqu'il est exposé à une vive lumière, et le phénomène est dû à la réflexion des rayons lumineux sur les innombrables facettes cristallines, orientées dans toutes les directions, qui recouvrent les éléments composants de la roche.

Cet enduit cristallin s'observe également, et souvent même à un degré beaucoup plus prononcé, à la surface des galets quartzeux enveloppés dans la masse de la roche. Il n'a point préexisté au dépôt de celle-ci et à l'agrégation des matériaux dont elle se compose, car on peut constater à l'aide d'un grossissement convenable que tous ces petits cristaux sont intacts et parfaitement nets, c'est-à-dire qu'ils n'ont été soumis à aucun frottement qui aurait eu pour résultat inévitable d'émousser leurs pointes et leurs arêtes. Le développement de cette cristallisation doit donc être considéré comme un phénomène contemporain de la consolidation de la roche elle-même, et de plus, il est évidemment le résultat d'une action chimique ou moléculaire. Ce qui conduit à supposer que le liquide dans lequel s'est déposé le Grès vosgien, contenait, en dissolution, une quantité plus ou moins considérable de Silice.

Le Grès vosgien renferme très communément des galets de forme variable, mais généralement arrondis et plus ou moins aplatis. Ces galets sont intimement soudés à la masse de la roche et se brisent souvent plutôt que de s'en détacher. Ils sont presque exclusivement composés de Quartz ou de Quartzite grenu, plus rarement de *Kieselschieffer* noir veiné ou zoné de blanc. Ceux de Quartz sont blanc laiteux; les Quartzites sont gris, rougeàtres ou bruns.

Ils paraissent provenir de la destruction des roches quartzeuses, dont les analogues s'observent encore aujourd'hui en place dans le terrain de transition qui constitue la chaîne du Hundsrück. On a même trouvé dans un de ces galets une empreinte bien conservée de Spirifer, qui fournit une preuve à l'appui de cette origine.

Certaines couches de Grès renferment peu ou point de galets; d'autres, au contraire, en contiennent un très grand nombre, et forment une sorte de passage du Grès au Poudingue.

La plupart des dépôts de graviers alluviens, anciens ou récents, que l'on trouve jusque dans les plaines et sur les plateaux qui s'étendent au pourtour des massifs vosgiens, sont en grande partie composés de galets quartzeux, provenant de la destruction des Grès et surtout des Poudingues du Grès vosgien. Mais alors l'enduit cristallin a disparu de la surface de ces Galets, par l'effet des frottements que ceux-ci ont éprouvés pendant leur transport par les eaux ou peut-être par les glaces.

Le Mica, si commun dans le Grès bigarré, est au contraire fort rare dans le Grès vosgien; et la schistosité qui s'observe dans quelques couches de celui-ci, est due non pas à la présence d'un enduit de particules micacées, comme dans le Grès bigarré, mais généralement à de minces feuillets de matière argileuse, interposés dans la masse du Grès, parallèlement à sa stratification.

L'Argile s'observe aussi sous forme de plaquettes arrondies ou lenticulaires dans la masse du Grès vosgien. Ces plaques sont généralement disposées suivant des plans parallèles aux surfaces des couches de la roche.

La pâte qui les constitue est fine, homogène, tendre, de couleur rouge clair. Elles sont quelquefois feuilletées et légèrement onctueuses au toucher.

Enfin, on trouve encore assez souvent dans le Grès vosgien des veines ramifiées, ou plus rarement des concrétions mamelonnées de Fer oxydé brun, généralement mélangé d'une proportion plus ou moins considérable de Silice, qui lui communique parfois une grande dureté. C'est ce qui fait que ces veines ou concrétions restent en saillies à la surface de la roche, quand celle-ci a été corrodée par l'action des agents atmosphériques.

La structure du Grès vosgien est simple et assez uniforme. Les grains sableux dont il se compose sont sensiblement égaux dans une même couche; ils sont faiblement liés entre eux sans ciment intermédiaire apparent. Dans quelques assises, la succession des couches du dépôt est indiquée sur les coupes transversales par des variations de coloration, et souvent par des lignes fort nettes, de couleur foncée, généralement brunâtres ou violacées. Ce qu'il y a surtout de remarquable dans la disposition de ces lignes, c'est qu'il arrive souvent qu'au lieu d'être parallèles au plan de stratification, elles coupent obliquement celui-ci sous un angle variable, ou même qu'une série de lignes obliques, parfaitement parallèles entre elles, se trouve brusquement interrompue et coupée par une autre série, dont la direction est différente, horizontale ou inclinée en sens opposé. Or, comme ces lignes sont les traces des plans qui correspondent aux couches successives du dépôt, la disposition que nous venons de signaler peut être attribuée à un changement brusque dans la direction des courants, qui transportaient les sables quartzeux et les graviers qui ont fourni les matériaux du Grès vosgien, ou bien, on peut, dans certains cas particuliers, la considérer comme un résultat de modifications subites, survenues dans l'inclinaison et le niveau relatifs des fonds, sur lesquels s'effectuait le dépôt de ces mêmes matériaux.

On trouve à la surface de séparation de certaines couches du Grès vosgien, une série de bourrelets saillants, arrondis et flexueux, dont la contre-empreinte se reproduit en creux dans la face inférieure de la couche immédiatement superposée. Ces bourrelets rappellent tout à fait les rides produites par l'action des vagues sur les fonds sableux, recouverts d'une faible épaisseur d'eau, et il est vraisemblable qu'elles ont dû se produire dans des conditions analogues, à l'époque du dépôt arénacé qui a constitué le Grès vosgien. Les couches qui se sont ensuite superposées à celles-ci, et qui n'offrent plus aucune trace de ces ridements, indiquent une augmentation survenue postérieurement dans la hauteur de la masse des eaux. De belles surfaces ridées s'observent à la montagne de la Madeleine, près Saint-Dié, dans le Grès vosgien qui borde la route du Haut-Jacques.

On observe encore, quoique plus rarement, à la surface de quelques couches de Grès, des arêtes saillantes et plus ou moins relevées, généralement rectilignes, qui se croisent dans diverses directions, en circonscrivant des espaces irrégulièrement polygonaux. Ces arêtes, contrairement aux bourrelets dont nous venons de parler, occupent toujours la face inférieure des couches, et leur contre-empreinte en creux s'observe par conséquent sur la face supérieure de la couche sous-jacente qui, généralement, se trouve être de nature argileuse. On a comparé ces sillons aux fissures de retrait qui se produisent à la surface des dépôts vaseux ou argileux, lorsqu'ils sont laissés à découvert et exposés à l'action de l'air et de la chaleur atmosphériques. Dans ce cas, il faudrait supposer qu'une couche argileuse, laissée momentanément à découvert et soumise à la dessication, aurait ensuite été, par l'effet d'un affaissement du sol ou de toute autre cause, recouverte de nouveau par les eaux, et qu'alors de nouveaux dépôts effectués à sa surface se seraient en quelque sorte moulés dans les espèces de sillons compris entre les parois des crevasses. Ce moulage aurait eu pour résultat les arêtes en relief dont nous venons de parler.

Ces ingénieuses hypothèses sont appuyées de l'autorité d'un savant géologue, M. Daubrée, qui a même attribué à l'action de grosses gouttes de pluie tombant sur une surface sablonneuse laissée à sec, de petites cavités hémisphériques dont certaines surfaces de Grès vosgien sont parsemées, et qui forment la contre-empreinte d'autant de petits mamelons arrondis, placés en saillie sur la surface inférieure de la couche superposée. On sait du reste, que des déductions analogues ont été depuis longtemps appliquées à l'explication de certains reliefs de forme particulière, semblables entre eux, symétriquement disposés et également espacés, que l'on a considérés comme des vestiges modelés dans les empreintes laissées par le pied d'un animal inconnu (une grande tortue, peut-être) sur des plages de sables, recouvertes ensuite par de nouvelles couches de dépôts.

Poudingues quartzeux. Ils sont exclusivement composés de cailloux roulés ou galets quartzeux, tout à fait semblables à ceux que renferment les masses de Grès auxquelles ils sont associés et avec lesquelles ils se confondent bien souvent.

Ainsi on y distingue :

A) Des galets de Quartz commun, blanc laiteux, opaque, ou quelquefois translucide et nébuleux, assez souvent veiné ou nuancé de rose ou de brun. Il n'est pas rare d'observer dans leur intérieur de petits cristaux de Quartz hyalin, auxquels s'associent des lamelles hexagonales de Fer oligiste, métalloïde et éclatant.

B) Des galets de Quartzite grisâtre, gris verdâtre ou rougeâtre, complètement opaques. Leur pâte est finement grenue ou compacte, leur cassure, terne, mate ou subluisante; leur texture est quelquefois légèrement schistoïde. On y observe assez souvent des espèces de zônes concentriques de couleur brune, rougeâtre ou violacée. Leur forme est plus régulière que celles de toutes les autres variétés. Ils sont généralement arrondis ou ovalaires et plus ou moins déprimés. Quelques-uns ont la forme d'une moitié, assez nettement coupée, d'une sorte d'ellipsoïde ou d'une lentille.

C) Des galets de *Kieselschiefer*, pâte noire, compacte, fine et homogène, complètement opaque, traversée par des veines blanches, quelquefois rectilignes et parallèles, plus souvent entrecroisées dans tous les sens et offrant la disposition d'une sorte de réseau plexiforme à mailles plus ou moins serrées. Ces galets, beaucoup plus rares que ceux de Quartzite ordinaire, ont aussi une forme beaucoup moins régulière.

D) Enfin des galets constitués par un agrégat de cailloux roulés, pour la plupart de nature quartzeuse, blancs, gris de fumée, rougeâtres, bruns ou verdâtres, enveloppés dans une pâte siliceuse de couleur variable. Ces galets, qui sont assez rares relativement aux autres variétés, se rencontrent plus communément dans les Grès caillouteux que dans les vrais Poudingues.

Ils doivent être considérés comme des débris roulés et arrondis par le frottement, provenant de Poudingues plus anciens qui ont appartenu aux terrains dont les détritus ont fourni les matériaux du Grès vosgien.

Les galets composés de fragments de Gneiss, Granite, Porphyre ou Pétrosilex, sont excessivement rares dans le Grès vosgien et dans ses Poudingues.

Les diverses variétés de galets dont nous venons d'indiquer la nature et les caractères, se trouvent rarement mélangés dans la masse des vrais Poudingues. On observe plutôt ce mélange dans les Grès grossiers et très caillouteux qui forment le passage entre l'une et l'autre roches. (Au sommet des massifs d'Ormont et de Kamberg, dans la vallée des Rouges-Eaux.)

Les grandes masses de Poudingues sont assez souvent constituées par des galets de Quartzite gris rougeâtre ou gris verdâtre, faiblement liés entre eux, et qui se désagrègent avec la plus grande facilité. (Haut Jacques, Côte de l'Hôte-du-Bois.)

De même que les cailloux enveloppés dans la masse arénacée des couches de Grès vosgien, les galets qui constituent les Poudingues proprements dits, sont recouverts d'un enduit cristallin qui leur communique la propriété de scintiller à la lumière du soleil. Lorsqu'on fait mouvoir un de ces galets exposé à une vive lumière et qu'on examine en même temps sa surface cristalline à l'aide d'une grande lentille à long foyer, on peut constater que les petits cristaux de Quartz hyalin qui le recouvrent, sont assez généralement orientés dans une même direction ; car, lorsque la surface sur laquelle ils reposent est à peu près plane, la lumière se réfléchit en même temps dans toutes les petites facettes triangulaires correspondantes de chaque pointement pyramidal, ou dans les facettes rectangulaires des prismes.

Dans quelques localités où le Grès vosgien repose directement sur le Granite, la masse de la roche a subi une modification qui l'a transformée en une sorte de Brêche quartzeuse, ou qui l'a fait passer par degrés à un véritable Quartzite.

Dans le premier cas, les fragments de Grès, généralement décolorés et devenus plus ou moins compacts, sont réagglutinés et liés entre eux par un ciment siliceux ou calcédonieux qui paraît même avoir pénétré plus ou moins avant dans leur masse, de telle sorte, que dans certaines parties de

la roche, les noyaux de Grès paraissent se fondre insensiblement dans la-masse siliceuse qui les réunit. Les cailloux ou
galets de Quartzite brunâtre ou rougeâtre ont souvent subi
une altération et une imbibition analogue, ainsi que l'indiquent le peu de netteté de leurs contours, et les espèces de
zônes concentriques qui se sont développées autour de leur
partie centrale, plus ou moins exempte d'altération.

Cette altération ne s'observe pas d'une manière aussi sensible dans les galets de Quartz blanc.

Les insterstices restés vides entre les fragments, ou les
cavités anfractueuses de la roche, ont leurs parois tapissées,
de cristaux de Quartz hyalin, implantés sur une couche
mince de Calcédoine gris bleuâtre, qui les sépare de la masse.
(Montaigut près Plombières.)

Quand le Grès vosgien est transformé en Quartzite, la
structure arénacée a aussi disparu plus ou moins complètement ainsi que la coloration rouge. La masse constitue une
sorte de pâte siliceuse plus ou moins homogène, dans laquelle on peut quelquefois encore, quand la transformation
n'est pas complète, distinguer à l'aide de la coupe des grains
de Quartz vitreux décoloré. Cette pâte siliceuse a une couleur gris de fumée (Haut du Roc) ou bien blanc grisâtre et
diversement nuancée. Sa cassure est plate unie, quelquefois
conchoïdale ou même esquilleuse. On y observe quelquefois
des noyaux irréguliers et mal circonscrits, passés à l'état de
Quartz laiteux ou calcédonieux et translucide.

Dans un grand nombre de localités, le Grès vosgien, dépourvu de toute consistance, se désagrège avec la plus
grande facilité ou passe même à l'état d'arène.

Il arrive assez fréquemment que des couches friables sont
recouvertes par d'autres couches beaucoup plus solides.

La corrosion des premières par les agents atmosphériques

laisse les autres en surplomb avec une saillie plus ou moins
considérable, c'est ce qui donne lieu à ces espèces de cor-
niches saillantes qui se développent quelquefois sur de
grandes longueurs, en conservant les mêmes dispositions et le
même niveau, à la partie supérieure des grands massifs de
Grès vosgien. Les couches qui font saillie sont assez communément constituées par des Grès grossiers, très caillouteux, ou par des Poudingues. Quand la couche solide a peu
d'étendue, comme par exemple celle qui couronne un sommet isolé, la corrosion de celles qui lui servent de base,
s'opérant sur tout son pourtour, lui fait prendre à la longue
l'aspect d'une table soutenue sur un seul pied, ou celui
d'une sorte de champignon. (Vallée des Rouges-Eaux.)

Structure en grand. Stratification. La structure en grand
du Grès vosgien ne diffère pas de celle de la plupart des
roches régulièrement stratifiées. Les masses se divisent en
assises régulièrement superposées, dont les plans de séparation sont parallèles entre eux. Ces assises, dont l'épaisseur
est très variable, sont le plus souvent massives, mais quelquefois aussi divisées en couches plus ou moins minces, par
l'interposition d'une faible quantité de matière argileuse ou
très rarement micacée, étendue comme un enduit sur les
surfaces de contact de ses couches, dont elles déterminent
la séparation. Cette division ne s'observe guère que dans les
variétés de Grès à grain fin et homogène, dont les éléments
sableux sont liés entre eux par un ciment argileux plus ou
moins apparent, et qui ne renferment jamais de cailloux.

Lorsque ces couches ont une certaine épaisseur, et qu'elles
offrent d'ailleurs une solidité suffisante, elles fournissent des
dalles d'excellente qualité. (Belval, Col du Hans, Champenai,
La Madeleine, etc.)

Nature et origine du Grès vosgien. La nature même des

matériaux dont se compose le Grès vosgien et l'arrange-
ment particulier de ces matériaux, c'est-à-dire la structure et
la disposition des masses, concordent pour démontrer que
les roches qui constituent ce grand dépôt, sont le résultat
du transport, par des eaux courantes, de masses considérables de sable et de gravier quartzeux provenant de la destruction de roches plus anciennes, étrangères à la contrée.

Cette circonstance d'une origine particulière, et l'uniformité de composition du Grès vosgien dans toute l'étendue
du dépôt, établissent une différence bien tranchée entre ce
terrain et celui du Grès rouge, qui l'a précédé immédiatement.

En effet, la plupart des roches qui constituent celui-ci,
sont exclusivement composées de fragments et de menus débris de diverses roches propres à la contrée, ce qui fait que
leur constitution minéralogique, d'ailleurs très variable,
diffère souvent, d'une manière très notable, d'une localité à
une autre. En outre, la forme irrégulière et anguleuse de ces
débris indique qu'ils n'ont pas subi un long transport, ni
un frottement prolongé dans des eaux courantes.

Enfin, les masses elles-mêmes, qui n'offrent d'ailleurs ni
l'étendue, ni la continuité de celles du Grès vosgien, occupent, dans le système, une situation différente et des niveaux
beaucoup moins élevés que celui-ci. Elles ont dû se déposer
sous des nappes peu profondes, au-dessus desquelles émer-
gent la plus grande partie du relief des Vosges.

Les assises du Grès vosgien, au contraire, recouvrent sans
discontinuité de vastes surfaces, et couronnent les sommets
de plusieurs massifs très élevés, situés dans l'intérieur de
la chaîne. On les voit même atteindre, sur quelques points,
une altitude de plus de mille mètres au-dessus du niveau de
la mer. (Donon, Haut-du-Roc, Haut-Naymont, etc.)

Les strates du Grès vosgien conservent, sur de grandes

étendues, une remarquable uniformité dans leur épaisseur et dans leur composition particulière. Si on observe la coupe des couches superposées, qui constituent les talus et les escarpements de la plupart des vallées qui découpent le grand dépôt arenacé, on s'apercevra facilement que ces couches se reproduisent de part et d'autre dans le même ordre, avec les mêmes caractères, la même épaisseur et le même niveau relatif. Il est dès lors évident qu'elles ont dû être d'abord continues, et que les vallées ou les ravines qui les séparent aujourd'hui, ont été creusés dans leur masse par l'action érosive des eaux. La même observation peut être faite sur les couches dont on voit les tranches ou les affleurements sur le pourtour de quelques grands massifs isolés, constitués ou couronnés par le Grès vosgien.

Toutefois, il n'est pas rare de rencontrer dans le Grès vosgien, des failles plus ou moins étendues, qui ont interrompu la continuité des couches et détruit la concordance de leur niveau. Les parois de ces failles présentent quelquefois des surfaces de glissement, revêtues d'une croûte siliceuse polie, dans laquelle sont tracées des stries parallèles et rectilignes, dont la direction est généralement verticale.

La stratification du Grès vosgien, considérée dans son ensemble, a conservé dans presque toute l'étendue du dépôt une horizontalité presque parfaite, et ce n'est qu'en l'observant sur de grandes distances, que l'on peut s'apercevoir d'une inclinaison plus ou moins sensible dans le plan des couches, qui, en général, se relèvent vers les points culminants des grands massifs de la chaîne.

Le Grès vosgien ne renferme point de fossiles.

L'absence à peu près complète de débris organisés dans ce terrain résulte, sans aucun doute, des circonstances particulières dans lesquelles son dépôt s'est effectué ; car, dans les mêmes contrées, le Grès bigarré qui a succédé immédiatement au Grès vosgien, contient de nombreux restes de végétaux et d'animaux, et le Grès rouge lui-même qui l'a précédé, renferme aussi dans ses couches inférieures des débris silicifiés de troncs et de tiges dont nous avons déjà indiqué la nature.

Il ne se trouve pas non plus de minéraux étrangers disséminés dans la masse du Grès vosgien ; mais les couches de ce terrain sont traversées par de nombreuses veines et par des filons de diverses natures, dont quelques-uns sont métallifères. Ces veines sont constituées principalement par l'hydroxyde de Fer, par le Quartz, par le sulfate de Baryte ; les mêmes substances servent aussi de gangue à certains filons métallifères. Plus habituellement, cette gangue est formée d'une matière argilo-ferrugineuse et siliceuse, mélangée à des débris de la roche elle-même.

Les substances minérales renfermées dans ces filons sont : le Fer oxydé hydraté, qui s'y trouve souvent à l'état d'hématite brune concrétionnée, et quelquefois assez abondant pour être exploité avantageusement ; le Manganèse oxydé hydraté, à l'état de concrétions, de croûtes ou d'enduit argentin, quelquefois aussi en aiguilles cristallines ; le Fer carbonaté, le Fer oligiste.

On y trouve aussi la Galène, le Plomb carbonaté blanc et noir, le Plomb phosphaté cristallisé et concrétionné, le Plomb arséniaté, le Zinc sulfuré, la Calamine, le Quartz hyalin, la Baryte sulfatée cristallisée, le Spath fluor, etc.

La plupart de ces minéraux se trouvent réunis dans des filons autrefois exploités. (A Erlenbach, au Katzenthal, près de Lembach.)

Emploi du Grès vosgien. L'emploi du Grès vosgien pour la

construction des bâtiments et de tous les travaux d'art, est général et presque exclusif dans toute l'étendue de la contrée occupée ou avoisinée par ce grand dépôt. Il fournit tout à la fois le moëllon et la pierre de taille. Toutefois, pour ce dernier usage, il ne donne que des résultats tout à fait médiocres, à cause de la grossièreté de son grain et du peu de cohésion de sa masse. Le plus souvent, il ne supporte pas la vive arête sans s'ébrécher, et rarement il est susceptible de recevoir une moulure, même très commune, ce qui le rend à peu près impropre à l'architecture et aux constructions de luxe. Il est, sous ce rapport, de beaucoup inférieur au Grès bigarré, et on lui préfère généralement celui-ci dans toutes les localités où l'on peut se le procurer sans trop grand frais de transport.

Cependant on trouve sur quelques points des bancs plus ou moins puissants, constitués par une variété à grain fin, très cohérente et complètement exempte de cailloux, qui fournit de fort bonne pierre de taille et des dalles d'excellente qualité.

La carrière la plus renommée de tout le pays est celle de Champenay, commune de Plaine, dont on tire à la fois des blocs de très grandes dimensions et des tables de diverses épaisseurs et parfaitement régulières, qui peuvent être employées pour paliers ou pour dalles, sans qu'il soit même nécessaire d'en tailler les surfaces. Ce Grès a d'ailleurs des caractères particuliers, qui s'écartent assez de ceux du type normal, pour que quelques personnes aient songé à le séparer du Grès vosgien, pour le rapprocher, soit du Grès rouge, soit du Grès bigarré, avec lesquels il a en effet une certaine ressemblance au point de vue minéralogique. Les grains quartzeux dont il se compose, sont généralement beaucoup plus fins que ceux du Grès vosgien ordinaire ; ils sont aussi

plus inégaux; la cristallisation siliceuse est moins développée à leur surface ou quelquefois même elle fait complètement défaut, ce qui fait qu'en général, ce Grès ne possède
qu'à un très faible degré la scintillation caractéristique du
Grès vosgien. On observe aussi dans sa masse, dont la teinte
est rouge clair, une quantité variable de points blancs, dont
les uns sont constitués par de petits grains arrondis de Feldspath altéré, blanc laiteux et opaque, et les autres, beaucoup plus nombreux, par des grains de Quartz blanc ou vitreux, recouverts d'une croûte opaque, mais tout à fait
dépourvus d'enduit ferrugineux.

Ces derniers forment souvent à eux seuls des couches régulières et parallèles, dont l'épaisseur peut varier depuis
quelques millimètres jusqu'à plus d'un décimètre, et dans
lesquelles le Grès, complètement décoloré, forme, sur la
tranche des couches ou des blocs, une série de bandes rectilignes plus ou moins larges, irrégulièrement espacées, mais
parfaitement parallèles, qui alternent avec le Grès de couleur normale, et donnent à cette variété la disposition bariolée qui la caractérise.

Le Grès vosgien est encore utilisé pour la fabrication de
meules à aiguiser, pour lesquelles on choisit de préférence
les variétés à grains fins, homogènes et bien exemptes de
cailloux. Ces meules ne sont guère employées que pour la
taillanderie.

Les sables qui proviennent de la désorganisation des
Grès, sont employés pour la préparation des ciments et
mortiers. On a essayé d'utiliser pour le moulage les variétés fines.

Enfin, les cailloux et galets fournissent de bons matériaux
pour l'empierrement des routes.

TERRAIN DU TRIAS

Le terrain qui, dans la série chronologique des dépôts sédimentaires, a succédé immédiatement au Grès vosgien, a été désigné par Alberti sous le nom de *Trias*, parce qu'il est constitué par un système de couches qui se séparent assez nettement en trois étages ou dépôts bien distincts, surtout au point de vue de la nature minéralogique des éléments dont ils se composent. Ces trois étages, dont on peut quelquefois observer la superposition dans une même localité, sont, en commençant par l'inférieur ou le plus ancien :

A) Le *Grès bigarré;*

B) Le *Muschelkalck;*

C) Les *Marnes irisées* ou le *Keuper.*

Je ne mentionnerai que pour mémoire ces deux derniers, dans ce rapide aperçu de la constitution minérologique des Vosges, car ils sont, par leur position géologique et par leur nature minéralogique, complètement étrangers à ce système de montagnes; mais j'entrerai dans quelques détails sur l'étage du Grès bigarré, à cause des relations de contact très étendues qu'il présente, soit avec les terrains sédimentaires qui forment les grands massifs secondaires de la chaîne, soit avec les roches plus anciennes et d'origine différente, puisque sur plusieurs points on le voit reposer sur le Granite lui-même.

Grès bigarré. Ce vaste dépôt arénacé et argileux forme une zône irrégulière et plus ou moins étendue, qui s'étend au pied des deux versants de la chaîne, sans pénétrer nulle part dans l'intérieur du système. On le voit cependant sur quelques points contribuer au relief de celui-ci, en formant de petits massifs ou des espèces de chaînes secondaires, qui viennent se perdre dans les plaines, ou bien des contreforts plus ou moins élevés, adossés aux formations plus anciennes. Plus rarement ses assises recouvrent le Grès vosgien ou même le Granite, et couronnent certains plateaux ou certains massifs isolés constitués par ces roches. Généralement il forme de grandes nappes continues, déposées au pied de la grande faille qui limite extérieurement le dépôt du Grès vosgien.

Il se compose du Grès proprement dit et de couches argileuses plus ou moins développées, associées à celui-ci et alternant le plus souvent avec lui.

Le *Grès bigarré* se compose de petits grains quartzeux, assez égaux, et généralement beaucoup plus fins que ceux qui constituent le Grès vosgien.

Ils diffèrent d'ailleurs de ces derniers en ce qu'ils ne sont pas comme eux colorés en rouge et revêtus d'une sorte d'enveloppe siliceuse brillante et cristalline. Ils n'adhèrent pas non plus directement les uns aux autres, mais ils sont liés entre eux par une matière argileuse ou argilo-ferrugineuse, plus ou moins abondante, qui leur sert d'intermédiaire et de ciment. C'est cette matière qui communique à la masse du Grès sa couleur particulière. Tantôt elle est rouge de brique, lie de vin, violacée ou amaranthe; tantôt elle est jaunâtre, veinée ou nuancée brun, suivant que le Fer qui la colore s'y trouve à l'état de peroxyde ou à l'état d'hydrate. Souvent aussi, le Grès est gris verdâtre ou blanchâtre, quand l'argile contient peu ou point d'oxyde de Fer.

Ces différentes teintes sont souvent mélangées dans les mêmes couches, et les variétés jaunâtres, enfumées ou blanc verdâtre, sont d'ailleurs assez souvent traversées par des veines ramifiées ou entrecroisées, composées d'hydrate de peroxyde de Fer. C'est cette grande variété de coloration et ce mélange de teintes différentes qui a fait donner au *Grès bigarré* le nom sous lequel il est généralement désigné, tant en France qu'en Allemagne, où il est connu sous le nom de *Bunter Sandstein*.

Indépendamment des grains de Quartz et du ciment argileux qui constituent les éléments principaux de sa masse, le Grès bigarré renferme une quantité plus ou moins considérable de lamelles ou parcelles de *Mica*, qui proviennent, comme le Quartz et l'Argile elle-même, de la destruction de roches plus anciennes, probablement granitiques ou gneissiques, qui ont fourni les matériaux de ce Grès, et de la trituration des éléments composants de ces mêmes roches. Le Mica est blanc argentin, gris jaunâtre ou brun. Ces diverses variétés s'observent assez souvent réunies dans une même couche, ce qui prouve que les unes ne sont point de simples altérations des autres. Tantôt le Mica est disséminé dans la masse du Grès; plus souvent il est réuni en couches très minces, dans lesquelles les lamelles déposées à plat suivent des plans parallèles plus ou moins espacés et généralement dirigés dans le sens de la stratification des masses elles-mêmes.

C'est cette disposition qui détermine la division des assises principales des Grès en tranches régulières ou en tables plus ou moins minces, dont les surfaces sont revêtues d'une sorte d'enduit micacé et brillant. Quand les couches sont très rapprochées les unes des autres, le Grès prend une structure tout à fait schisteuse ou même feuilletée, et les lames dont il se compose ont quelquefois assez de régularité et de solidité pour que l'on puisse, dans certaines localités, les utiliser pour la couverture des maisons.

Les surfaces de contact des couches de délit du Grès bigarré sont souvent ornées de belles arborisations dendritiques et ramifiées, d'une couleur noir bleuâtre, constituées par l'hydrate de peroxyde de Manganèse. (Xertigny, Bains, Soultz.) Ce même minéral s'observe quelquefois aussi cristallisé en aiguilles ou en petites concrétions fibreuses ou mamelonnées, associées aux veines de Fer hydraté, qui se ramifient dans la masse du Grès.

On observe assez souvent, sur les surfaces parcourues par les arborisations dendritiques, de petites lamelles transparentes, incolores ou blanchâtres, irrégulièrement arrondies, ou bien affectant parfois la forme plus régulière d'un parallélogramme obliquangle ou d'un hexagone allongé, à sommets aigus. Ces lamelles sont constituées par du sulfate de Chaux ou Gypse cristallisé. (Xertigny, Domptail, Bains, Baccarat.)

Les veines de Fer oxydé brun qui parcourent certaines couches de Grès bigarré, sont souvent accompagnées de Baryte sulfatée blanche ou jaunâtre, de Mica, de Chaux carbonatée et d'Acerdèse concrétionnée ou cristallisée en aiguilles. Ces veines plus dures que le Grès, restent en saillie sur les surfaces attaquées par la corrosion.

Quelques couches de Grès sont divisées en blocs ou en fragments pseudo-prismatiques, qui sont sans doute le résultat d'un retrait de la masse à l'époque de sa consolidation. Les surfaces de ces pseudo-prismes sont souvent revêtues de Fer oxydé hydraté mélangé à de la Baryte, du Manganèse hydraté et de la Chaux carbonatée.

Le Grès bigarré renferme aussi dans quelques localités du *Cuivre carbonaté* bleu et *vert*, soit en petits nodules cristallins, en aiguilles radiées ou en petites concrétions, soit sous forme de simples mouches ou taches arrondies, qui s'étendent sur les surfaces, ou bien qui paraissent avoir pénétré par une sorte d'imbibition dans la masse même du Grès. (Rouffach, Soultz-les-Bains, Wasselonne.)

Enfin, le Grès bigarré renferme très fréquemment des noyaux aplatis, ou des plaques minces d'une *Argile* fine et homogène, tendre, douce au toucher, de couleur rougeâtre, verdâtre ou blanche.

Cette même Argile forme souvent des lits plus ou moins épais, intercalés entre les couches du Grès, ou alternant avec elles. Mais alors il arrive souvent qu'elle est mélangée d'une proportion plus ou moins considérable de grains quartzeux, et qu'elle passe par degrés au véritable Grès.

Les Argiles sableuses s'observent surtout à la partie supérieure du dépôt, où on les voit quelquefois alterner avec des couches de Dolomies. À la partie inférieure, on trouve au contraire des Grès à grain plus grossier, qui, dans certaines localités, se distinguent assez difficilement du Grès vosgien, quand surtout ils reposent directement sur celui-ci.

C'est ici qu'il convient peut-être de résumer et de faire ressortir comparativement les caractères spéciaux qui distinguent, au point de vue purement minéralogique, les trois principales espèces de Grès qui occupent la place la plus importante dans les formations sédimentaires des Vosges, savoir : le *Grès rouge*, le *Grès vosgien* et le *Grès bigarré*. Rappelons d'abord que la dénomination de *Grès rouge* s'applique généralement, non pas à une roche particulière, mais à tout l'ensemble d'un dépôt composé de roches très différentes par leur aspect autant que par leur nature et leur constitution minéralogique. Toutefois, celles qui sont franchement arénacées et auxquelles peut s'appliquer plus spécialement le nom de *Grès*, présentent les caractères suivants :

A) *Grès rouge*. Grains de Quartz sableux, inégaux, ternes et mats, mélangés d'une proportion variable de particules

feldspathiques plus ou moins altérées, arrondies ou anguleuses, et souvent de particules de Mica. Ces divers éléments
sont liés entre eux par un ciment argile-ferrugineux plus
ou moins abondant, dont la teinte rougeâtre ou quelquefois
gris verdâtre, détermine la couleur de la roche.

B) *Grès vosgien*. Grains de Quartz hyalin arrondis et sensiblement égaux, revêtus d'une croûte siliceuse cristallisée
et brillante, et recouverts d'un mince enduit d'oxyde de Fer
qui donne sa couleur rouge claire à la masse de la roche.
Ces grains sont soudés entre eux directement et sans l'intermédiaire d'un ciment apparent.

Nature exclusivement quartzeuse, absence complète de
Feldspath et le plus souvent de Mica. Pas de débris organisés. Nombreux galets quartzeux, enveloppés dans la masse.

C) *Grès bigarré*. Grains quartzeux, généralement très fins,
sableux, ternes, dépourvus de cristallisation siliceuse et
d'enduit colorant à leur surface. Ciment toujours apparent,
argileux ou argilo-ferrugineux, rougeâtre, amaranthe, gris
verdâtre ou blanc grisâtre, qui donne sa couleur à la masse,
laquelle présente souvent des teintes bariolées. Nombreuses
parcelles de Mica brillant et argentin, souvent disposées en
lits parallèles. Jamais de cailloux quartzeux dans la masse,
mais souvent, au contraire, débris organisés, nombreux végétaux ou animaux.

Le dépôt du Grès bigarré, envisagé dans son ensemble, et
au point de vue de sa constitution géologique, doit être considéré comme une formation tout à fait littorale, déposée au
fond d'une mer calme et peu profonde, au-dessus de laquelle
émergeait tout le massif vosgien, dont le relief et la configu-
ration ne différaient pas sensiblement à cette époque éloignée
de l'état où nous les voyons encore de nos jours.

La nature même des masses minérales dont se compose

ce dépôt, la disposition de ces masses et celle de leurs contours, la nature et l'état de conservation de la plupart des fossiles qu'elles renferment, s'accordent pour fournir des arguments à l'appui de cette supposition.

En effet, les nappes de dépôt, plus ou moins interrompues selon les accidents — reliefs ou dépressions du fond sur lequel elles se sont déposées — présentent des contours irréguliers et sinueux, qui d'une part s'adaptent à ceux des derniers reliefs de la chaîne, et d'autre part, s'étendent à l'extérieur plus ou moins avant dans les plaines, où ils forment des prolongements qui disparaissent sous des dépôts plus récents. Les couches, régulièrement superposées, ont généralement conservé la continuité et la position horizontale qu'elles avaient à l'époque de leur dépôt. Les fossiles animaux qu'elles renferment appartiennent à quelques vertébrés, sauriens ou poissons voraces, à quelques articulés et radiaires, mais surtout à de nombreuses espèces de mollusques gastéropodes et acéphales, pour la plupart essentiellement littorales.

Quant aux débris de plantes, ils indiquent une végétation exclusivement terrestre, et ceux surtout qui sont renfermés dans les couches argileuses, présentent un état de conservation qui exclut toute supposition d'un transport lointain et violent par les eaux, et qui permet d'ailleurs de distinguer et d'étudier tous les détails de leur organisation.

Ces vestiges de végétaux appartiennent, pour la plupart, à des *Fougères*, à des *Equisétacées* et à des *Conifères*, représentés par des types qui n'existent plus de nos jours. On y trouve aussi quelques tiges, racines ou rhizomes de Cycadées et quelques Monocotylédonées.

Les frondes des Fougères, qui sont très abondantes dans quelques localités (Soultz, etc.), ont conservé toute la délicatesse de leurs nervures, toute la netteté de leurs contours; les empreintes qu'elles ont laissées à la surface des Argiles sont généralement noirâtres et charbonneuses; dans le Grès proprement dit, elles sont brunes ou jaunâtres et creuses. Elles appartiennent presque toutes aux genres *Anomopteris, Nevropteris, Caulopteris*, quelques-unes seulement se rapportent aux genres Pecopteris, Crematopteris et Cottœa.

Les rameaux de conifères s'observent aussi avec une grande fréquence, notamment ceux qui appartiennent aux genres *Woltzia* et *Albertia*. Ces rameaux ont conservé non seulement leurs feuilles, mais souvent aussi leurs organes de floraison et leurs appareils de fructification, qui seulement sont, en général, déformés et aplatis par la pression. Certaines couches argileuses renferment de nombreux débris de ces espèces de cônes, dont on reconnaît parfaitement les écailles séparées et même les graines éparpillées entre leurs feuillets.

Le *Bois* de ces mêmes conifères se rencontre plus communément dans les couches de Grès. L'organisation végétale s'y trouve quelquefois assez bien conservée pour qu'on puisse en distinguer tous les détails. C'est ainsi qu'on peut même reconnaître, dans les vaisseaux ponctués de quelques-uns d'entre eux, une disposition particulière qui de nos jours ne s'observe plus que dans quelques conifères de l'Amérique intertropicale constituant le genre *Araucaria*. Toutefois, alors même que cet état de conservation s'étend aux tissus les plus délicats, la substance ligneuse ou organique en a complètement disparu, et s'y trouve remplacée par une matière argilo-ferrugineuse ou siliceuse, brunâtre ou brun jaunâtre, dans laquelle on reconnaît souvent de la pyrite de Fer, du Manganèse et quelquefois de la Chaux carbonatée et de la Baryte. (Baccarat, Mervillers, Sainte-Hélène, etc.)

Les tiges des *Equisétacées* et notamment celles du *Calamites arenaceus*, qui se rencontrent avec une grande fréquence dans les couches de Grès, sont toujours plus ou moins aplaties, mais en général bien conservées. L'intérieur de ces tiges fistuleuses est rempli par du Grès semblable à celui de la masse ou par une Argile sableuse, jaunâtre, et la partie corticale, qui seule persiste, est transformée en une substance ferrugineuse et argileuse, jaune ou brunâtre. Les stries ou cannelures longitudinales de la tige, les nœuds renflés qui l'interrompent de distance en distance, et généralement tous les détails extérieurs, y sont parfaitement conservés.

Certaines *tiges* ou *racines* appartenant à quelques espèces de Fougères, certains rhyzômes de Cycadées offrent le même mode de conservation. Elles sont aussi aplaties ; leur intérieur est souvent remplacé par du Grès, et la partie corticale, transformée en une substance argilo-ferrugineuse, brunâtre, est couverte d'écailles régulièrement imbriquées et saillantes, ou bien présente des cicatrices relevées, de forme rhomboïdale ou ovalaire, qui correspondent aux points d'insertion des frondes ou des feuilles. (Baccarat, Crivillers.)

Dans quelques espèces rapportées au genre *Caulopteris*, l'organisation intérieure de la tige se trouve conservée d'une manière analogue à celle des troncs de conifères, avec la différence que comporte l'organisation propre aux Cryptogames vasculaires.

Parmi les vestiges animaux du Grès bigarré, ceux qui appartiennent aux vertébrés sont peu nombreux, et consistent en fragments de crânes, vertèbres et ossements de quelques espèces de reptiles sauriens, et en quelques dents de poissons appartenant aux genres Acrodus et Hybodus (?) encore revêtus de leur émail.

Quant aux mollusques, très nombreux dans quelques localités (Ruaux près Plombières, Domptail-en-Vosges, Soultz-les-Bains, etc.), le test a presque toujours disparu complète-ment, et les fossiles ne consistent que dans des espèces de moules intérieurs plus ou moins aplatis et déformés par la pression, composés de Grès fin ou d'une matière argileuse et ocreuse brune ou jaunâtre, souvent recouverte d'un enduit pulvérulent, dans laquelle la substance animale n'est plus représentée que par une très faible quantité de matière orga-nique bitumineuse, généralement concentrée à la surface. Les coquilles des Acéphales ont rarement conservé l'empreinte de leurs deux valves réunies.

Toutes les plantes dont on retrouve les débris dans les couches de Grès bigarré, ont probablement végété sur les plages, ou dans des stations peu éloignées des rivages où leurs restes ont été enfouis dans les sables et dans les dépôts vaseux qui en ont conservé les empreintes.

La plupart des animaux mollusques ont sans doute aussi vécu dans les eaux peu profondes de ces mêmes rivages, car on trouve dans certaines localités, vers la partie supérieure du dépôt, des couches de Grès, dans lesquelles des coquilles bivalves très nombreuses, appartenant surtout aux genres Avicula, Lima ou Plagiostoma, Myophoria, Mya, etc., sont entassées les unes sur les autres, et probablement dans la position et à la place même où elles se trouvaient à l'époque où elles ont vécu. (Domptail-en-Vosges, Ruaux.)

Origine du Grès bigarré. La nature même du dépôt du Grès bigarré donne lieu de supposer que les matériaux dont il se compose proviennent de la destruction de roches grani-tiques et surtout gneissiques analogues à celles qui de nos jours, se voient encore en place dans la contrée. En effet, le Grès proprement dit réunit les éléments constituants essen-tiels de ces roches cristallines, c'est-à-dire le Quartz et les

deux espèces de Mica qui n'ont guère éprouvé d'autre altération qu'une simple division mécanique ou une sorte de trituration, tandis que l'élément feldspathique, décomposé et
complètement transformé, se retrouve dans la matière argileuse plus ou moins colorée qui sert de ciment au Grès, et
surtout dans les couches d'Argile associées à celui-ci.

Usage du Grès bigarré. Le Grès bigarré est employé
comme pierre de construction. Ce sont surtout les assises inférieures du dépôt qui fournissent les blocs de toutes dimensions particulièrement utilisés pour la taille. Les variétés
dont le grain est fin, homogène et bien cimenté, offrent une
grande solidité, et sont d'ailleurs susceptibles de revêtir
toutes les délicatesses de la moulure et même de la sculp-
ture architecturale ou artistique. Aussi les a-t-on employées
de tous temps pour la construction des bâtiments de luxe et
pour celle des monuments publics.

La plupart des édifices de l'Alsace, et ceux de la partie de
la Lorraine qui avoisine la chaîne des Vosges, sont bâtis avec
cette pierre, qui a le mérite d'offrir une longue résistance aux
influences du temps. On peut citer comme témoignage [de
cette précieuse qualité l'état de conservation de la Cathédrale
de Strasbourg, dont les admirables détails artistiques, taillés
dans le Grès bigarré, ont pu résister pendant plus de cinq
siècles à l'action destructive des agents atmosphériques, sans
en éprouver d'altération bien sensible. Aussi, dans ces derniers temps, a-t-on utilisé largement le Grès bigarré pour la
construction des grands travaux d'art nécessités par l'éta-
blissement des voies ferrées.

Les couches minces de Grès, lorsqu'elles conservent une
certaine épaisseur et qu'elles ne se délitent pas en feuillets,
peuvent fournir des dalles d'assez bonne qualité.

Les couches bien homogènes, dont le grain est fin, mais

pourtant bien distinct, et qui ne s'égrènent pas facilement, sont employées pour la confection de meules à aiguiser et à polir, qui servent particulièrement dans les fabriques de quincaillerie.

ERRATA

SAINT-DIÉ. — TYPOGGRAPHIE & LITHORAPHIE L. HUMBERT.

www.ingramcontent.com/pod-product-compliance
Ingram Content Group UK Ltd.
Pitfield, Milton Keynes, MK11 3LW, UK
UKHW021209140726
13695UKWH00002B/438